典范苏州
社科普及精品读本

饮食经

—品味—口感苏州—

老凡/著

中国·苏州

古吴轩出版社

当我睁开眼睛，学着看世界的时候，我认识了苏州，认识了苏州人。

小时候，苏州很大，怎么也走不到边，八个城门，就像八个遥远的童话。长大后，苏州变了，不复存在的城门成了永久的记忆。

几十年来，我一直在写苏州，只有写得好与不好的区别，不存在写与不写的问题；只有写不够的饱满感觉，绝无不想写的丝毫念头。

确实，苏州是永远也写不尽的。

我熟悉苏州的一草一木，老城区的每条巷子，城外的每处山水；北边的阳澄湖，西边的太湖。人们在这座城市恬静安乐地生活，这种生活本身就说明了这座城市的不凡。

然而，一代又一代的人，还是忍不住要记下苏州究竟有多好。

因为苏州的独特的好，从古至今，住在苏州的，来过苏州的，甚至只是听说过苏州的，都要忍不住为她写点什么。

只是，一旦提笔，就难免会觉得，大家已经写得够多的了，持续的书写还有意义吗？但同时立刻又会想到，我们之所以能看到今天的苏州，能更深地理解苏州，不都是因为前贤们留下来的一字一字、一书一书、一碑一碑？

所以，记录总是有意义的。

何况是记录苏州。

从伍子胥建城至今，苏州古城有两千五百多年的历史了。再把时间往前推移到泰伯奔吴，岁月的线索就拉得更长了。而有实物考证的历史，比传说还久远，太湖三山岛遗址、唯亭草鞋山遗址，都见证了中国最早的文明。

大家都说苏州城秀美，物阜民安，文化丰饶。其实苏州未尝没有经历过天灾人祸、兵荒马乱，只是这里的人，总是能很快在废墟上重建辉煌。这份坚韧和刚毅，才是最值得我们骄傲的。

面对历史积累下来的无数辉煌，苏州市委宣传部、市社科联和古吴轩出版社联合编辑出版的这套《典范苏州·社科普及精品读本》，选用了一种很特殊的方式来介绍苏州灿烂而独特的文化：听声、读城、博物、品味、识人、传道，六个系列，声色指间，可听可感地把苏州文化娓娓道来。

典范苏州，其沉淀、传承与创新的文化，在中国甚至在世界文化领域都具有一定的代表性、独特性、丰厚性以及它们的传承性和创新性。这些典范特征不仅体现在特色鲜明的物化形态上、门类齐全的艺术形态上，还体现在文化心理的成熟、文化氛围的浓重、文化精神的彰显等诸多方面。可以说，这套丛书所选主题、所涉内容都充分展示了这种典范的特性。

虽然同样涉及昆曲评弹、园林山水、年画刺绣、名贤廉吏等，但这套书和之前出版的一些介绍苏州文化的丛书相较还是颇为不同、富有创意的。图片多，文字又多以散文笔法呈现，读起来轻松，有亲近感。用这样的方式来介绍苏州的典范文化，把那些遥远的传统，更明了更具象地普及到我们这个时代的人们面前。作为一套普及读物，丛书编纂不仅邀请了一批经验丰富的吴文化专家坐镇，还请来一批来自高等学府的青年学者、来自中国作家协会的专业作家，以及一部分崭露头角的青年作者共同助阵。组建这样一个知识体系和年龄层次都比较全面的作者梯队，是希望做到吴文化的有序传承和创新发展，为各年龄阶段的大众读者呈现一个新鲜的、全面的、美丽的苏州。

在这里，典范将一一亮相：《昆曲》，一声缠绵低吟，是苏州人的精致优雅；《古典园林》，文人信步，是苏州人的闲情潇洒；您再走走，《街巷里弄》都藏着故事，您也许就能在巷陌遇见一位唐宋走来的名贤，或是一位抿着笑意的明季才女……其他每一册也有诸多亮点。其中较为特别的，是"传道"这一个系列。《家风》《学风》等都是十分重要的苏州文化内容，影响深远，关乎时代命题，是新的文化使命，把这些内容包含进来，也是《典范苏州·社科普及精品读本》的一个新的探索。

党的十九大报告指出，要加强文物保护利用和文化遗产保护传承，要坚定文化自信，推动社会主义文化繁荣兴盛。《典范苏州·社科普及精品读本》的编纂出版过程，是提升城市文化自信的一个具体的实践。所以，无论是像我这样的老苏州人，或者是想了解、想融入这个城市的新苏州人，都不妨来读一读，或者您就是苏州的一个过客，甚至您只是在诗文戏曲里到过苏州，都可以从这套丛书中欣赏到苏州的诗意景象、文雅风尚、历史积淀、时代风貌，如同身临其境，一定能够真切体会身在苏州的骄傲和自豪，深切感受对于中华文化的自信和热爱。

《楚辞》

吴羹

《左传》

专诸炙鱼

夏曾传

半蒸饭

董小宛

茶淘饭

酱菜

甪直萝卜

白虾

呛虾

苏州人喜欢美食、寻求美食，并且形成了独特而丰富的饮食经验。苏州人的饮食经，是“不时不食”“食不厌精，烩不厌细”的精致和个性，是简朴但不马虎的节俭和讲究，更是重传统、重人情、以和为贵的生活智慧。

香椿头、蕨菜

野菜

青鱼、草鱼、鲢鱼、鳙鱼

四大家鱼

河豚

“拼死吃河豚”

叶圣陶、徐珂
船菜

张东官
满汉全席

杨素
碎金饭

腌菜
春不老

塘鳢鱼
雪菜豆瓣汤

鲢鱼头
"笃仙人"

饮食经关键词
平淡生活　精致态度

鸡、鸭、蹄髈
三件子

素食
吃素、吃斋

螺蛳
"螺蛳壳里做道场"

目录

作厨如作医，以吾一心诊百物之宜。

——王小余

引子

对于大多数人来说，"美食"一词，可谓耳熟能详，但"美食家"这个称谓，大约是随着陆文夫先生的小说《美食家》的风靡而为人所津津乐道的。与此同时，"美食"一词也开始有了新的含义，完全超出了"美味佳肴"的物性定义，升格成了日常生活的一种新概念，甚至有时会成为衡量一个人"品位"的尺度。小说中的主人公名叫朱自冶，是位有钱又有闲的"辛辛苦苦吃了一辈子"的老苏州人，他毕生热爱的就是吃。为一碗"头汤面"，他可以牺牲睡眠。为了更好地吃，他坚持每天洗澡，以期达到帮助消化的目的。为了研究吃，他得闲就读关于吃的书。为了吃，他完成了结婚、分居、破镜重圆的婚姻全过程。朱自冶是一个达到了能吃出"滋味中千分之几的差别"的境界的"美食家"。

既然"美食家"这词已成流行词，坚决不认同也没什么意义。但我内心深处仍然坚持的是："在苏州确有不少'美食家'，但这头衔并不专属于某位个体，在苏州，它就属于创造出苏州美食的苏州人。"

在苏州，"美食家"这个群体里，既有侍奉过皇帝，掌管过御膳房"苏灶"的张东官这样的古代大厨；也有以人称"四根一家"的张祖根、屈群根、吴涌根、邵荣根、刘学家为代表人物的现代大厨；同时还拥有遍布城乡的嬢嬢、阿姨、好婆、阿爹（吴方言中，"嬢嬢""阿姨""好

焯
把蔬菜放在开水里稍微一煮就拿出来。

焖
盖紧锅盖，用微火或小火把食物煮熟。

蒸
利用水蒸气的热力使食物变熟、变热。

焗
以汤汁与蒸汽或盐为导热媒介，将腌制的物料加热至熟。

炖
多用于肉类，加水烧开后用文火煮，使之烂熟，所需时间较长；苏州人也把把盛东西的碗放在水里加热叫「炖」。

婆"都是对陌生年长女性的尊称，"阿爹"则是对陌生年长男性的尊称）这样能做出独家风味的厨艺高手；当然也有以袁枚、韩奕、陆文夫为代表的偏爱苏州美食的食客大军。可以这么说，每一道苏州美食都是由食客和大厨共同奉献的，而所有灵感以及不断地升华又都是来自各家的厨房和餐桌，至于文人的贡献，那就是把这一道道美食记录下来，经过渲染后，让苏州美食得以走出苏州，进而扬名天下。

"江南佳丽，吴郡繁华。土沃田腴，山温水软。征歌选胜，名流多风月之篇；美景良辰，民俗侈岁时之胜。"（袁学澜《苏州时序赋序》）得天独厚的自然条件，相对安定的社会环境，丰富的物产，历代文人的荟萃，以及千百年来形成的尚武崇文习俗，使得苏州的历史文化和社会生活不仅具备着多样性和丰富性，而且凸显着精致和个性，形成了独有的老味道。它和小桥流水、园林名胜、苏作良工等一样，都是苏州人千百年来积淀出的物化了的城市精神。

一直以为，美食的定义，就是古人所说的"适口为珍"。如果一定要找出一个共性，那么"美食"给人带来的享受应该是一种记忆，套用一句大白话，所谓的"美食"，很大程度上就是"老味道"。

天下好食者，大致可分为两类，一类是喜好品味的人，另一类则是陶

煎

锅里放少量油，加热后，把食物放进去使表面变黄，如生煎馒头等，也指把东西放在水里煮，使所含的成分进入水中，比如煎药。

炸

把加工好的食物放在沸油里使之变熟，一般炸所用的油比煎要多。

爆

用滚油稍微一炸或用滚水稍微一煮

余

把食物放到沸水里稍微煮一下，所用时间很短，且基本不用放调料，一般后面还有其他做菜步骤。

醉于回味的人。关于这一点，我在阅读有关美食的文章时感觉尤为强烈。如当下的几位闻名遐迩的美食作家，南吃北尝，各地美食的色香味形，甚至典故逸事都能信手拈来，绘声绘色，但读来却很难引起内心的共鸣，因此常会不自觉地把这一类文章的作者归之为品味者。另有一类文章，笔下所写食馔，常常是些大饼油条阳春面，青菜萝卜臭豆腐等平常之物，但读来更觉亲切，使人不由联想起外婆烧的红烧肉、大姨晒的甜面酱、孃孃熬的奶汤鲫鱼，当然还有小时候在松鹤楼吃的松鼠鳜鱼、朱鸿兴的菜馒头、黄天源的薄荷糕，以及太仓的邱家糟团，一缕缕鲜香甜糯的好滋味油然而生，随之而至。我个人偏好这一类文章，不仅读来更有味道，而且写的是真正令人回味无穷的老味道，也是我个人对"美食"的定义。

从某种意义上说，所谓的老味道，其实就是地域文化的一种沉淀，具体到人，那就是对美食的记忆。在色、香、味、形的背后，更多的是一种人与人之间的情感交融、一种历史的沉淀、一种地域文化的个性彰显，它更需要的是一片能够自由生长的土壤。而具体到一个区域、一座城市，那就是这个区域、这座城市的饮食习惯。在煎、炸、蒸、煮的背后，更多的是对饮食经验的传承和发展，是生活经验，也是生活智慧，即本书想尽力描写的"饮食经"。

壹

"饭稻羹鱼",常用来描绘苏州人的食馔,不仅道出了苏州物产的丰富,也显示出苏州历史悠久的饮食文化特点。早在春秋时期,苏州人的老祖宗们就已经研创出了"鲊、炙、鲙、羹"等不同的鱼馔加工方法,并开始制作船菜,随后独具匠心的船点、精致美味的菜肴、名噪一时的大厨、津津乐道的美食趣闻层出不穷。苏州人的饮食经,从古吴时代就已开始了。

初味：属于苏州鱼的炙热春秋

饭稻羹鱼

"饭稻羹鱼"，常用来描绘苏州人的食馔。苏州人吃饭以稻米为主，而吃菜则以鱼类水产为主。这种江南特有的鱼馔文化，向上至少可追溯至春秋时期。在那时，苏州的老祖宗们就已经研创出了"鲊、炙、鲙、羹"等不同的鱼馔加工方法，直至今日，在我们的餐桌上，仍然不难看到它们的身影。

在文献记载中，"鱼鲊"应该是苏州最古老的鱼馔品种，其源可溯至春秋时期吴王阖闾的爷爷吴王寿梦时期，迄今已两千六百多年。明末清初的张岱在《夜航船》中记道："禹作鲞，吴寿梦作鲊，神农诸侯凤沙氏煮盐。"书中把吴王寿梦创制"鲊"等同到了大禹所创制的"鲞"的高度，"鲊"的地位之重，可见一斑。

"鲊"，在《辞海》中有二解，一解"海蜇"，二解则是"经过加工后的鱼类食品，如腌鱼、糟鱼之类"。唐代诗人，时任苏州刺史的白居易曾留过诗句："就荷叶上包鱼鲊，当

仍有部分吴地百姓坚持采用传统的捕鱼方式

石渠中浸酒瓶。"北宋年间的诗人蔡宽夫，为此加了注："吴中作鲊多用龙溪池中莲叶包，为之后数日取食，此瓶中气味特妙，观乐天诗……盖昔人已有此法也。"后来在王鏊的《姑苏志》中也有记载："鱼鲊出吴江，以荷叶裹而熟之，味胜罂缶，名荷包鲊。"由此不难想象，当年吴王寿梦所创制的"鲊"显然就是后者，也即今人还常食用的糟鱼、咸鱼这一类腌制品。如果《齐民要术》所述的"鲤鱼切片，撒盐，压去水，摊瓮中，加饭（已拌有茱萸、橘皮与酒）于其上，一层鱼，一层饭，以箬封口"这种加工鱼鲊的办法也包括在内的话，那么就可以进一步细分，吴王寿梦所创的鱼鲊，就是苏州人非常熟悉的"醉鲤片"，而其味之美，素为历代苏州人所津津乐道。《清异录》中有一道"玲珑牡丹鲊"的记载："吴越有一种玲珑牡丹鲊，以鱼叶斗成牡丹状。既熟，出盘中，微红如初开牡丹。"虽不知其味，但这"玲珑牡丹鲊"看来确实是由"醉鲤片"所成。

在春秋吴国菜中，最令人难解的鱼菜莫过于"鲙"了。《吴越春秋》中说，伍子胥班师回朝，"吴王闻三师将至，治鱼为鲙，将到之日，过时

不至，鱼臭。须臾，子胥至。阖闾出鲙而食，不知其臭。王复重为之，其味如故。吴人作鲙者，自阖闾之造也"。按其所说，阖闾把已经发臭变质了的鱼再重新烹制了一下，因而成了吴地名肴"鱼鲙"的创始人，这不免让人联想起了那道近年来在苏州风头益劲的"臭鳜鱼"。"臭鳜鱼"的制作流程大致为：先将新鲜鳜鱼洗净去鳞，剪开鱼肚抹上盐，然后放在木桶里面六七天，待鱼体发出似臭非臭的气味。烹制时洗净臭卤，各在两面剞出刀花，先煎后烩，成菜后似臭非臭，醇滑爽口，肉质鲜嫩，不失为一道佳肴。然而，在《姑苏志》中有着一道完全不同的鱼鲙做法："水晶绘，以赤尾鲤净洗鳞，去涎水，浸一宿，用新水于釜中谩火熬浓，仍去鳞滓，待冷即凝，缕切，沃以五辛醋味最珍，俗云'脡子'。"这看起来多少有些像"羊糕"的做法和吃法，烧的是本色，吃的是本味，但和阖闾所造的鱼鲙似乎相距甚远。

范成大的《吴郡志》还引用了《吴地记》中的故事，说是阖闾十年（前505），国东夷人（越国）水师由海上"侵逼吴境"，阖闾率吴国水师

出海御敌于现在的苏州昆山仪亭镇（时称夷亭）。那时那一片还是海，两军在海上对峙了一个月，僵持中海上连起大风浪，两军给养均告罄。阖闾焚香告天，求来了无数条黄澄澄的海鱼，吴军"食之美，三军踊跃"，大获全胜，而一条海鱼也没抓到的越国人只能"献宝物，送降款"，俯首称臣。来而不往非礼也，收了人家宝物的阖闾，也赐了一份"大礼"，命

人将前番吃剩下的鱼肠、鱼鳔（别名鱼肚）泡在盐水里当了回礼。阖闾班师后，忽然又想要吃这些黄澄澄的海鱼了，手下人只好送上风干了的鱼片。谁料想，风干鱼片的风味更胜新鲜鱼，阖闾不由大喜过望，提笔在"美"的下半部分写了"鱼"，于是一个"鲞"字便诞生了。与此同时，又因这种鱼的鱼头里有块类似石头的东西，阖闾就将鱼命名为"石首鱼"，鱼干则称作为"鲞鱼"。后世苏州人又把虾子和鲞鱼结合在了一起，沿承至今就成了时下大名鼎鼎的苏式"虾子鲞鱼"。

《楚辞》中也有一道古吴的经典菜——"吴羹"。在《招魂》一节中，屈原写道："肥牛之腱，臑若芳些。和酸若苦，陈吴羹些。"其原料选用上好的牛腱子，据东汉人王逸所注："言吴人工作羹，和调甘酸，其味若苦而复甘也。"其味应该类似于今日的"酸辣汤"，只是原料更为讲究，选用的是上好的牛腱子肉，文火焖烂，其鲜美或如南宋范成大所言："世间尤物美恶并，江乡未用夸吴羹。"而这道"吴羹"同时还兼具主食的功能，唐代陆龟蒙的《五歌·食鱼》中就有一说："且作吴羹助早餐，饱卧晴檐曝寒背。"

专诸炙鱼

"专诸炙鱼"应该是苏州流传较广的几个美食故事之一，也是较早见于文献记载的故事。《左传》一书中就有详细的记载。《左传·昭公》记道：伍子胥为取得公子光（即后来的吴王阖闾）的信任，把勇士专诸推荐给了他。后来，公子光趁吴国伐楚失利，大军被困楚国，而国内兵员匮乏的机会，投吴王僚"好嗜鱼之炙"的所好，出面摆下宴席，邀吴王僚前来品尝"太湖炙鱼"，并安排了先前已随太湖公（一作太和公）苦练炙鱼技能的勇士专诸准备行刺。吴王僚虽疑有诈而防范缜密，却未料到专诸会在鱼腹中藏剑。酒酣之际，专诸借着上菜的机会，"抽剑刺王，铍交于胸，遂弑王"。这段故事后来被西汉年间的司马迁编入了《史记·刺客列传》，又被东汉年间的赵晔收入了《吴越春秋》一书，再后来又被明代的冯梦龙写入了小说《东周列国志》中。随着先人们绘声绘色的文学加工，"专诸刺僚"成了吴地一个脍炙人口的故事。可惜，在先人们的著作中，我们读到的更多的是专诸的"刺"，而对于"炙"和"鱼"，却仍是知之甚少。

"炙"，好理解，按照南北朝时期的《颜氏家训》所释："火傍作庶为炙字。"炙鱼就是将鱼置于明火上烧烤，烤成的效果就是今下所说的"外焦里嫩，外脆里香"。但是"鱼"，解读起来似乎没那么直接了。坊间有一说，闻名遐迩的"松鼠鳜鱼"就是脱胎于"专诸炙鱼"，因而当年专诸所炙的就是鳜鱼。此说笔者未见考证，但在北魏年间的《齐民要术·卷九》中有两条关于"炙鱼"的记载。其中一条的刀法似乎和"松鼠鳜鱼"相类似："用小鳍、白鱼最胜。浑用。鳞治，刀细谨。无小用大，为方寸准，不谨。姜、橘、椒、葱、胡芹、小蒜、苏、榝，细切锻，盐、豉、酢和，以渍鱼。可经宿。炙时以杂香菜汁灌之。燥则复与之，熟而止。色赤则好。双奠，不惟用一。"大意即为：炙鱼用小一些的白鱼最好，将整条鱼去鳞洗净后，用刀细细开出柳叶刀花纹。如无小鱼，大鱼也可以。然后放在各种调料调和的渍水中浸泡一夜，炙的时候先把杂香菜汁灌入鱼腹，反复炙烤直至鱼熟，炙时要注意两面翻身，不可一面多炙，一面少炙。依据作者贾思勰的描述，这"刀谨细"倒是颇合今日"松鼠鳜鱼"的工艺，只是这道菜的选料是小白鱼，就似乎和鱼腹内藏剑的情节不太相合，而且鳜鱼肉身浑厚，用来"炙"显然不是太合适。

另一条记载则是"酿炙白鱼"："白鱼长二尺，净治，勿破腹。洗之竟，破背，以盐之。取肥子鸭一头，先治去骨，细剉；作酢一升，瓜菹五合，鱼酱汁三合，姜、橘各一合，葱二合，豉汁一合，和，炙之令熟。合取后背入著腹中，弗之如常炙鱼法，微火炙半熟，复以少苦酒、杂鱼酱、豉汁，更刷鱼上，便成。"大意即为选用长达两尺的大白鱼，洗净，从背部剖开，腌好待用，再把鸭子洗净、去骨，将鸭肉剁碎，加入葱、姜等调料拌匀，起火，"炙之令熟"，然后把已经烤熟的鸭肉塞入白鱼腹中，用铁扦串起，上小火炙之半熟，用刷子把配制好的酱料抹在鱼身上炙烤至熟。工艺如此之烦琐，倒也能合了《吴越春秋》中"专诸乃去，从太湖学炙鱼，三月得其味，安坐待公子命之"的说法。

是脱胎于「专诸炙鱼」的「松鼠鳜鱼」就坊间传说闻名遐迩的

　　无疑，这道"酿炙白鱼"给人留下了很大的想象空间。范成大在《吴郡志》中有记："日暮时，白鱼长四五尺者，群集湖畔浅水中。"可知白鱼体形较大。虽然太湖野生鳜鱼中也有四五斤重的大鱼，但苏州人历来就有"七两的鲫鱼一斤的鳜"的俗语，意指五百克左右的鳜鱼制成的鱼菜最好吃，而太大的鳜鱼则肉质老而口感欠佳了。另外，鳜鱼身段相比白鱼要显得体短身厚得多，显然不太能将剑藏入腹中而不露痕迹。根据《吴越春秋》所描写专诸刺僚时一剑"贯甲达背"的凶狠，这剑长也应该在一尺左右，藏身于细长的白鱼腹中才显合理。

　　至于专诸刺僚时所用的"鱼肠剑"，名称最早出现于《吴越春秋》一书。顾名思义，此剑应是细而狭长，锋利无比。可惜，几乎所有的文献都没有对这把剑做出描写，多数沿用《左传》一书中"匕首"的说法。在《梦溪笔谈》中，沈括把"鱼肠"解释为匕首上的花纹，其纹饰就如把烤干了的鱼剔去肋骨后所见的鱼肠形状。以笔者之见，倒是比较认同清代史料笔记《广东新语·卷十六·器语》中"古有鱼肠剑，屈曲如环"的形容。一剑刺去，犹如螺丝钉一般直旋而入，否则很难出奇制胜，毕竟吴王僚不但是位勇猛强健的勇士，而且赴宴时身上还穿着"棠铁之甲三重"，一般的匕首恐怕很难一击而中。

　　有道是"今人不知古人味"，但梳理一下故纸堆里记录的美味，我们至少能知道吴地美食早在古吴时代就已经出现了。

无双：船菜，苏式饮食从来就精致

咫尺"天涯"

船菜，是苏州菜系中一道亮丽的风景线。所谓"船菜"，顾名思义，是在船上烹制、享用的宴席，兼具美食和旅游的双重特色。"吴门食单之美，船中居胜"，这是清代文人西溪山人在《吴门画舫录》中对船菜的赞美。一代文豪叶圣陶先生对船菜也是极为推崇，他在《三种船》中说道："船家做的菜是菜馆比不上的，特称'船菜'。正式的船菜花样繁多，菜以外还有种种点心，一顿吃不完。非正式地做几样也还是精，船家训练有素，出手总不脱船菜的风格。拆穿了说，船菜所以好，就在于只准备一席，小镬小锅，做一样是一样，汤水不混合，材料不马虎，自然每样有它的真味，叫人吃完了还觉得馋涎欲滴。"

苏州船菜由来已久，有关趣闻至少可追溯至两千五百多年前的吴越春秋时期。当年，吴王阖闾乘舟泛游太湖，把吃剩的残鱼脍鱼，倾入湖中，于是生出了今日的银鱼，因而"残脍鱼"也成了银鱼的古称。明清可谓是苏州船菜的鼎盛时期，在明清笔记中屡屡能看到文徵明、唐伯虎等人品尝船菜的故事。时至民国，船菜依然很兴盛，据《扬子晚报》所载，蒋介石曾在1928年、1946年、1948年，先后四次携贵宾品尝太湖船菜，

苏州名妓李双珠之画舫。船舱虽不算豪华，但也窗明几净，不失典雅

并亲书"孝友之舫"四字赠送给船主。

关于船名，坊间有几种说法。在清顾禄的《桐桥倚棹录》中称"沙飞船"，又因清康熙年间吴人沈朝初的《忆江南》诗句"苏州好，载酒卷艄船。几上博山香篆细，筵前冰碗五侯鲜，稳坐到山前"而有俗称"卷艄船"。据顾禄记载，这种船船体宽大，"大者可容三席，小者亦可容两筵"；船舱内装典雅精致，"以蠡壳嵌玻璃为窗寮，桌椅都雅，香鼎瓶花，位置务精"。而在叶圣陶的笔下，船菜的船则称为"快船"，船体也阔平，但体量不如"沙飞船"大。中舱平时放一张四仙桌，人多则加铺一张小圆台，勉强能坐十个人。船舱虽不算豪华，但也窗明几净，不失典雅。船的后半部分是后厨，时称为"行厨"，大约是谐音"航厨"，所用的灶具极其简陋，时称"行灶"，燃料也是普通的柴块。要在这样的条件下，大施爆炒燎煮、炸熘烩焖的拳脚，真称得上是"螺蛳壳里做道场"了。船的前甲板，则是持篙船家的天地，甲板下有一个能够活水的大水箱。行

季開鳳贵

船菜之香糟溜塘片

船途中常会有渔家赶着"网船"围上来，兜售刚刚捕捞出水的时令水产，遇见合适的，船家常会招呼舱中客人出来一起选，选中了丢在水箱里，船行水动，鱼虾就如生活在水里。做菜时揭开甲板捞出，这些鱼虾就如刚从河里捕捞来的一样新鲜，而且还少土腥气，味道反而更胜一筹。

　　苏州船菜的经营者一般都是夫妇俩，男的主管行船打杂，女的就是人称"船娘"的烹饪高手了，对于她们出众的治厨技艺，文人点赞者，自古不乏其人。姑苏名士袁学澜在《续咏姑苏竹枝词》中赞道："河豚洗净桃花浪，针口鱼纤刺绣缄。生小船娘妙双手，调羹能称客人心。"黄兆麟则在《苏台竹枝词》中夸道："蒲鞋艇子薄帆张，柔橹一枝声自长。舵楼

小妹调羹惯，烹得霜鳞奉客尝。"苏州船菜最初就是在方寸之间由厨娘妙手天成的。

关于苏州船菜的菜式，林林总总在百样之上。单单清末民初文人徐珂所亲历的两次船筵，就足以让人目不暇接。他在《可言》中记道，1919年10月，他和友人乘船游天平山观红叶，"登舟，见有盛于玻璃盘之香蕉、柚、橘、荸荠、杏仁、糖莲子、糖落花生、金橘八碟，瓜子一大碟，陈于中央；四冷荤为排南（火腿之切厚片者）、白鸡、酱鸭、羊膏；四热荤为炒肉丁、炒中、炒肫肝、炒蟹粉、蚶羹；大碗为清汤鱼翅、五香鸽、烩虾圆、鸭舌汤、炒腰花、江腰花、江瑶柱、汤火方（整块火腿清炖曰汤火方）、清蒸鲫鱼、八宝鸭、八宝饭"。

晚餐稍简单些，但也有"夜筵物品，九碟为排南、剥壳虾、鸭舌、肫肝、皮蛋、海蜇皮、橄榄、石榴、瓜子；大碗为红烧鱼翅、虾仁、汤泡肚、五香野鸭、蜜炙火腿、炒鱼片"等十五道；途中另有点心十三道，"味之甜者，芡实、莲子外，曰大蒜头，曰小辫子，曰双福寿桃，曰秋叶，曰瓜棱，皆馒头，以形似故名；有曰夜来香者；味之咸者，炒面、烧卖外，曰瘪嘴汤圆（以火腿、江瑶柱、虾米、菜屑为馅），曰木鱼饺，以形似也；又有曰火腿拉糕者，以面粉之成条者，杂火腿屑于中，至佳"。

食之精致

时过半年1920年春，徐珂又来了，这次是游山塘去虎丘，没吃船筵，吃的是船点。"晨九时许登舟，见有茶二壶，糖梅干、甘蔗、枇杷、西瓜四碟陈于几。十时解缆，十一时半至虎丘，游毕返舟，则点心席（若是之舟不能设盛筵，仅得点心席，谓之船菜也可）已具，俗所称八盆、六炒、四粉（米粉）、二台心（台桌之俗称，以置于桌之中央，故曰台心）、二水点

（有汤之点心，也人各一器）者是也。下酒者八盆，为甘蔗、枇杷（二果一盘）、西瓜子、火腿、拌猪腰、渍虾（去壳带尾）、野鸟、海蜇皮、拌黄瓜，盆之径七寸弱。俄而六炒至，则鱼唇、五香鸽、炒虾仁、海粉、烩蘑菇、炒肉丝，皆以碗盛之，碗之径亦七寸弱。酒阑点心至，四粉为扁豆糕、火腿拉糕、氽油饺（猪油馅）、蒸粉饺（亦猪油馅），四面为蟹粉烧卖、玫瑰秋叶饺、虾饺、唐饼。两台心继之，则红焖猪肉佐之以荷叶卷也，虾仁炒面也。未几而二水点至，一为芙蓉蛋，一为楂瑰相合而成，至是而点心席告终。"算下来也要二十二道。就以徐珂吃过的菜式看，已经有好几十样了。

　　坐一天船，观一天水景，吃一天精美细致的美味，价钱自然不菲。民国文人包天笑在《钏影楼回忆录》中写道："吃一顿船菜，要花多少钱呢？从前的生活程度，物价低廉，不过四五十元罢了。此外苏州的规矩，吃花酒的每位客人，要出赏钱两元，请十位客，也不过二十元，总共也不过六七十元，在当时要算阔客了。"同期文人陆璇卿在1922年成书的《旅苏必读》中给出的价格是："船菜酒一应主人出洋三十元，轮船外加二十元。"二十世纪三四十年代的沪上名医陈存仁在《银元时代生活史》中提及，民国初年他在上海当见习医生时，一个月的薪水是二十余元，而同期的一个巡长，薪水是十六七元，即便是上海卫生局的一个科长，薪水也不过三十元。由此而论，一次宴请耗费几个月薪水，确实是蛮贵的，难怪同治十二年（1873）《申报》刊发的《吴门画舫竹枝词》中，作者梅花庵主人会调侃道："一声吩咐设华筵，盘菜时新味色鲜。人倦酒酣拳令毕，销魂怠慢总须钱。"徐珂则更是吃完就狂呼肉痛了："银币二十二元，得尝午、夜二席，此则银币十一元，犒赏二元，仅得半饱之点心席，且舟可打头，八人危坐，殊以为苦，实皆为舟点心之虚名所赚也。"

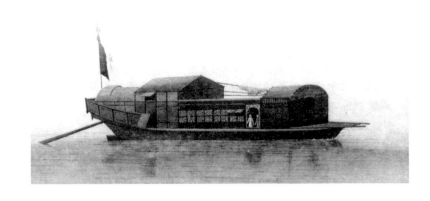

关于提供船菜的船的名字，坊间有几种说法，但船菜经营者一般都是夫妇俩，男的主管行船打杂，女的就是人称「船娘」的烹饪高手了

其实，也不尽然，吃船菜也有丰俭之分。曾听家中老人说起，那时每逢清明上坟，为了照顾家中女眷的脚力，也会雇上一条船，船上的一餐大多也都是些家常小菜，只要新鲜就好，一天下来连船钱带餐费也不过一两元，下船时船东还会送上一些当天采摘的时蔬，有时还会送一些小虾、杂鱼等物品。有着"民国闺秀中最后的才女"美誉的张充和先生在她的《吃在苏州》一文中也有记载："我生得晚，只在能记事的童年期间随着家人有过几次吃船菜的经历，那是在抗日战争之前，算是赶上了'末班车'。所谓船菜便是在船上烧、在船上吃的饭菜。那船称作画舫，用新名词就叫作观光旅游船。船身并不很大，设施也未见得豪华，只是船头

有顶棚栏杆之类的装饰，中舱放得下一个圆桌，乘客环桌而坐，享用那特色餐饮。伙房则设在后艄，灶具为'行灶'。燃料用的是柴爿，用硬柴烧的饭特别香糯，所以这也成了特色。那菜肴全是家常风味，并没有什么山珍海味，时新蔬菜倒是必有的，那些枸杞头、金花菜、马兰头之类，因为一律是当天采摘，特别新鲜，更是美味。"

自古就有"文人好事"一说。盛极一时的苏州船菜，自然也少不了文人留下的印记，单就1995版的《苏州市志》所记的"珠圆玉润、翠堤春晓、满天星斗、粉面金刚、黄袍加身、王不留行、赤壁遗风、红粉佳人、玉堂富贵、遍地黄金、金星乌龙、桂楫兰桡、卸甲封王、不尽滚滚、花报瑶台、玉楼夜照、雨后春光、玉女晚妆、老树着花、江南一品、春色迷人、深潭印月、醉里乾坤、堆金积玉、秋风思乡、八宝香车、紫气东来、琉璃世界、鱼跃清溪、八仙过海"这三十道菜名，足可见当年文人墨客对苏州船菜的钟情。只是"今人不知古人味"，这些菜端上桌面后，到底是些什么，估计今下很难有人说得清楚。近年来，有餐者曾尝试过这三十道名菜的"复原"，比如"老树着花"即用"蘑菇丁做汤，浇在油炸锅巴上，有声响"；"用鸡茸、火腿、笋、香菇、开洋、干贝等熬成清汤"，是谓"八仙过海"等。

如果一定要将苏州船菜和近邻的无锡船菜、浙江嘉兴的"南湖船菜"做比较，"苏式船点"无疑是一个亮点。《吴中食谱》有称："苏州船菜，驰名遐迩，妙在各有真味，而尤以点心为最佳，粉食皆制成桃子、佛手状，以玫瑰、夹沙、薄荷、水晶为最多，肉馅则佳者绝少。饮食业之擅场者，往往以'船式'两字自诩，盖船式在轻灵精致，与堂皇富丽之官菜有别。"在1995版的《苏州市志》中，有一份"王四寿菜单"的记载，民国年间的苏州船点大致为"四粉四面"外加两道甜点和一道"各客"。主料为糯米粉的"四粉"有：玫瑰松子石榴糕，糯米粉用枣泥拌和做成小石榴状，绽开一角，露出玫瑰松子；薄荷枣泥蟠桃糕，蟠桃状的小糕点内包枣泥核桃馅，下衬薄荷碎叶，上染胭脂红；鸡丝鸽圆，鸽蛋状，鸡丝馅，外层撒上腌渍桂花屑；桂花佛手糕，佛手状，虾仁馅，外表略撒咸桂花。而"四面"则以面粉为主料，品种有：蟹粉小烧卖，蟹粉馅，铜圆大小，收口捏成一朵花，花心则用火腿屑；虾仁小春卷，肉馅中嵌入精选的河虾仁，干贝、鸡汤熬出的皮冻，热化后一咬一包卤汁；眉毛酥，油酥面皮，枣泥瓜子仁馅，弯如半月，褶似眉毛；水晶球酥，状如小球，重油脆酥，糖渍板油拌和莲蓉为馅。两道甜点分别为银耳羹和杏露莲子羹，一道"各客"则显得有点高大上了，是用各味鲜汤煲成的"燕窝汤"。

暂且不说这些点心味道如何，因为笔者生来便无缘得以一尝，但光看这些个名称就足以令人垂涎三尺了。只可惜，当下还能做出这般点心的店家已是实在不多。苏州市烹饪协会会长华永根先生在他的《苏帮菜》中列出了时下尚还流行的几道船点：双味茶糕、玉兔拜月、枣泥拉糕、花式糕团、青团子、眉毛酥、鱼香春卷、花式蒸饺、油汆紧酵、虾仁烧卖等。平心而论，这些点心味道确实都不错，与周边城市的风味特色点心相比较，自是有过之而无不及，但看看史料及前人笔记所载，总觉得无论是名称还是制作水平，似乎总有些缺憾。

船点玉兔拜月

余音缭绕

苏州船菜的淡出，应该是在二十世纪三十年代后期。有一种说法是由于民国初年的军阀混战以及后来日本人的侵略，导致社会动荡，民不聊生，苏州人的精致、休闲生活失去了存在的外部条件，从而使得苏州船菜逐渐淡出了人们的视野。此说稍有牵强之嫌。按叶圣陶、包天笑等人的记述，至少在二十世纪四十年代，苏州船菜还是挺兴旺的。所以下面这种说法似乎更客观：随着交通工具的不断发展，苏州人的出行有了更多更快捷的选择，乘船出游则逐渐呈现出被淘汰的趋势，从而导致了船菜的淡出。

然而，苏州人对美食的向往并没有受到影响——"船菜上岸"——昔日的水上美味逐步转向陆地上的菜馆、书寓。二十世纪四十年代初，观前街大成坊口有家"鹤园菜馆"就以经营苏州船菜而名噪一时。店东陈志刚本为松鹤楼菜馆名厨陈仲曾之子，又延聘原山塘船菜高手费祥生为主厨，悬市招为"正宗苏帮船菜"，推出的船菜有烂鸡鱼翅、鸭泥腐衣、蟹糊蹄筋、滑鸡菜脯、鸡鸭夫妻、炖球鸭掌、果酱爆鱼、葱油双味鸡、虾爪虎皮鸡等多达三四十品，均为苏式船菜名肴。一时食客盈门，以至效仿者蜂拥而至，许多菜馆都以船菜、船点为招牌吸引顾客，这又在很大程度上提升了苏帮菜的影响力。但是在二十世纪五十年代，由于种种原因，许多苏州的传统都被冠上了"腐朽没落生活方式"的帽子，素以选料精良、制作精细而著称于世的船菜品种自也难以幸免，除了新聚丰的"母油船鸭""蟹粉蹄筋"等菜品以及少量的花式船点还能在招待外国客人的宴席上看到外，其余的几乎都退出了人们的视野，几成绝响。

然而，苏州人的船菜情结却始终没有放下，只是任重而道远，传统的恢复绝非那么简单罢了。二十世纪八十年代，苏州光福的渔民也曾尝试过恢复苏州船菜，试图利用位处太湖沿岸的区位优势以及丰富的渔业资源，打响"光福太湖船菜"的品牌，一开始生意十分火爆，苏州、上海、无锡等地的食客纷至沓来，遇上节假日，饭店起码翻台三四次。但前后也不过十年的时间，"光福船菜"便已销声匿迹，不为人知了。因为

太湖中帆船点点

无论是食材的精良程度，还是经营方式、菜式品种都和传统的苏州船菜不一样，充其量也只能算是停靠在水里的船型餐馆中的"太湖农家菜"罢了。在传统街区山塘街整治时，"山塘船菜"的恢复也曾是一个重要的话题。但苦于人才的短缺，最后也没有找到特别合适的形式。根据张充和先生回忆，早在二十世纪六十年代中期，苏州的文人前辈就曾试图对代表苏州烹饪技艺最高成就的船菜进行一些抢救性保护。多方寻找之下，才在当时的苏州发电厂食堂里找到了一位曾经的画舫营业者——烧得一手好船菜的阿松师傅。前辈们动员他出来恢复船菜，哪怕先做一次示范表演也行，可没想到遭到了阿松师傅的断然拒绝："不行了，原材料到哪里去找？譬如拌海蜇，要陈的，至少要陈三年才能用。现在鱼虾也不如过去的鲜了，有的还有洋油臭。再说船菜哪有用味精的？现在吃

船菜之母油船鸭

惯了大放味精的菜，反过来要嫌船菜不鲜了。假使也大用味精，吃在嘴里全是味精的鲜味，还哪来的原汁原味，还算什么船菜？我阿松不坍这个台了！"除了人才的短缺，烹制工艺的烦琐也是恢复船菜的一个制约。2015年，苏州名厨顾根元在苏苑饭店现场表演的经典船菜"母油船鸭"的制作过程。酱油要用袁枚所推崇的"伏酱秋油"，即自立秋之日起，夜露天降时的第一抽酱油，此时的酱油醇厚鲜美，人称"头油"，为酱油中的上品。鸭则要选用型大肥壮的太湖绵鸭，活宰洗净后，斩去两脚，挖去尾臊，配以猪爪、肥膘，加母油以及绍酒、精盐、绵白糖、葱结、姜片等作料，用砂锅以微火焐至酥烂，然后拣去葱、姜、肥膘、猪爪，加入熟冬笋、菜心、香菇等，另用炒锅将熟猪油熬至六成热，投葱段炸香后倒入鸭砂锅，最后还要淋上小磨麻油，前后耗时至少三小时。成菜上桌，汤醇不浊，鸭肉酥烂，色浓味鲜；由于汤被油面盖没，看似不热，食时烫嘴，入口鲜肥香浓，令人通体透爽。只可惜，这种费事耗料的制作很难适应当下的餐饮服务形态。另外，社会形态的变化也使得苏州船菜的恢复受到了一定的制约，太湖桃花岛的业主樊理光先生也曾动过利用小岛资源开设船菜宴席的念头，可一打听，首先是环保测评难过关。当年的光福船菜，很大程度上就是因为对太湖水资源的污染而被叫停。其次是渔政管理也不会同意，再加上行船安全、治安防范等问题，恢复船菜这事也只能是心有余而力不足了。

看来，真要是想重现昔日苏州船菜的风貌，真得如张充和先生所感慨的那样："不知烧船菜的高手还有没有健在的？看来要恢复船上烧、船上吃，每顿只供一桌的真正船菜，便要花大力量认真去挖掘遗产了，而且千万不要把这船菜仅仅看作一种商业噱头才好。"

厨艺：满汉全席与"苏州灶"

历史上最有名气的苏州厨师大约要数张东官了。电视剧《满汉全席》中徐峥扮演的那个张东官，是一个出身市井的小混混，凭着一手耍杂技般的厨刀功夫和一张信口雌黄的油嘴攀上了南巡的康熙皇帝。于是乎，几经死里逃生，终于凤凰涅槃，创下了数百年来为人所津津乐道的"满汉全席"。电视剧本是消遣之物，觉得好玩便是优秀，至于苏州是不是曾经有过这个张东官，未有兴趣追究过。

后来读了高阳的散文集子《古今食事》，文中说历史上确实有这么一位康熙"最欣赏的厨子"。康熙皇帝还曾传旨："朕有日用豆腐一品，与寻常不同，因巡抚是有年纪的人，可令御厨太监，传授给巡抚厨子，为后半世享用。"据高阳考证，这款豆腐即苏帮菜里的"八宝豆腐"，而"这个'御厨太监'就是张东官；不是曹寅，便是李煦为康熙所物色的苏州厨子；大概是六品顶戴，不过上面多了个顶子，下面却少了一物，不然不能进宫当差"。

再后来，读了《清宫御膳》才发现素有"野翰林"美誉的高阳先生对张东官的认识多少有点"野豁豁"（吴方言，有"不着调"的意思）了。

据《乾隆江南节次照常膳》记载，乾隆的第四次离京南巡是在乾隆三十年（1765）的正月十七，二月十五一早便在宝应的海棠庵大营登船前往扬州。要说当时的苏州织造普福还真是个懂事的人，知道乾隆喜欢苏州菜，便大老远地带着张成、宋元和张东官这三位家厨早早赶了过来。一到宝应，生怕皇帝一路上没吃好，便让三位家厨备下了"糯米鸭子一品、万年青炖肉一品、燕窝鸡丝一品、春笋糟鸡一品、鸭子火熏馅煎粘团一品、银葵花盒小菜一品、银碟小菜四品、随送粳米膳一品、菠菜鸡丝豆腐二品"这几样皇帝喜欢的菜肴。晚上，皇帝驻跸高邮，普福又让张成做了一道"肥鸡徽州豆腐"，宋元做了一道"燕窝糟肉"，张东官做了一道点心"果子糕"。自此之后，织造府的三位家厨便成了皇帝的专用厨子，接下来的半个多月里，乾隆皇帝几乎天天都让这三位给他做好吃的。

闰二月初一，乾隆一到苏州，便让"太监胡世杰传：赏普福家厨役张

位于苏州西山地质博物馆的满汉全席（石头宴）。席上菜肴全部为玛瑙等石头

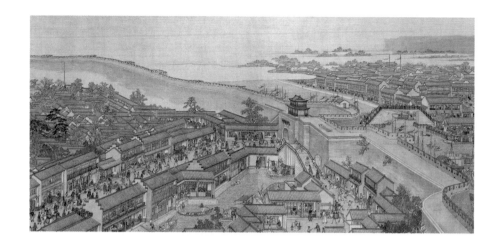

成、宋元、张东官每人一两银锞子二个，钦此"。后来又在闰二月二十四晚晌后让"太监常宁传：赏苏州厨役张成、宋元、张东官每人一两重银锞子二个，钦此"。乾隆对这三位的厚爱可见一斑。直到三月十一日，皇帝离开苏州到了镇江，用完晚膳还传下口谕："赏织造普福家厨役张成、张东官、宋元每人一两重银锞二个。"似是意犹未尽，当晚乾隆还让他们各做了一个拿手菜，张成做了个"糟火腿"，宋元做了个"炸八件鸡"，张东官做了个"鸭子火熏馅煎粘团"。

张东官的最初出场应该是在乾隆三十年（1765），而且根据档案记载的排位来看，张东官似乎排位不在最先，所做的菜肴也是以点心面食居多。但是，与张成、宋元相比，张东官在乾隆手上得到的赏赐无疑是最多的，甚至可以说，在所有的清宫厨役中，乾隆皇帝给予赏赐最多的也就是张东官了。

乾隆四十三年（1778），乾隆巡幸盛京（今沈阳），张东官是随行厨役。据苑洪琪所撰《清乾隆帝的长寿与膳食》一文所载："仅两个月余两天的时间里，张东官曾受五次重赏。"其中三次是赏"一两重银锞两个"，还有两次则是赏了"熏貂帽沿一付"和"大卷五丝缎一匹"，可见

乾隆对张东官之厚爱。

乾隆四十九年（1784）二月二十四日，乘船再次前往苏州途中，已是七十四岁的乾隆让总管肖云鹏"奉旨：赏长芦盐政西宁家厨役张东官一两重银锞四个"。这是乾隆皇帝一次赏银给张东官最多的一次，好像也是最后一次。而张东官献给乾隆皇帝的最后一道菜肴也应该是这年二月二十八日所做的"鸡蛋糕酒炖鸭子热锅"。

至于张东官有没有入宫当御厨，有没有"上面多了个顶子，下面却少了一物"，在我看来，俗传多不可信。

如前所述，乾隆第四次南巡返京时，并没有把三位厨役带回京师，而是让普福把他们带回了苏州。乾隆四十五年（1780），皇帝祭拜天坛之后，让总管肖云鹏奉旨传下口谕："赏长芦盐政西宁家厨役张东官一两重银锞二个，钦此。"这也说明张东官的身份仍旧是官府厨役，至于为何变换了东家，这就不得不提及一下乾隆三十三年（1768）震惊朝野的"两淮盐引案"了。在那件案子中，前后几任两淮盐政相继倒卖盐引，中饱私囊达一千一百多万两银子，作为这件案子的主犯之一，曾担任过盐政使的普福不但丢了官，而且还让乾隆皇帝砍掉了脑袋。

东家没有了脑袋，手下人的嘴巴可还在，为生计变换门庭也是再正常不过的事情。更何况，苏州厨役在乾隆皇帝心里是什么地位，那些会拍马屁的大臣们比谁都清楚，厨艺卓群的苏州厨役很自然地成了这些大臣们争相网罗的对象。于是乎，张东官成了长芦盐政西宁的厨师，而与他同在普福家当过厨役的张成则成了和珅府中的一名家厨。乾隆四十六年（1781）和珅奉献了一桌美味佳肴后，张成还曾得到皇帝赏赐的两大贯制钱。曾读过一本《食在宫廷》，专门叙述清皇室饮馔，作者爱新觉罗·浩，娘家名叫嵯峨浩，是"末代皇帝"溥仪之弟溥杰的日裔夫人。虽然作者嫁入皇室时已是1937年，宫廷之事也是耳闻为多，所叙用作考证未必有据，但读来却是颇有意趣。

她说："此菜（苏州肘子）是由苏州著名厨师张东官传入清宫。清宫膳单上的所谓'苏灶'，说到底，全出自张东官主理的厨房。苏指苏州，灶指厨房。本来，地方菜少滋味而多油腻，张东官深知这一点。进入清宫以后，他掌握了皇帝的饮食好尚，因此他做的菜，颇合皇帝的口味。菜味多样又醇美。'苏灶'遂誉满宫廷内外。直到现在，北京民间没有不知道'苏灶'的。流行于北京民间的'苏灶肉'和'苏灶鱼'等，都是当年张东官留下来的。"

不管怎么说，前后二十年里能得到皇帝如此器重，这份圣眷大约也够得上是空前绝后了。至于张东官到底是不是御厨，有没有戴过顶子也就没那么重要了。

精致冷盘。在苏州人的餐桌上，冷盘可以是腌制蔬菜、时令果蔬，也可以是开胃小菜

会生活

　　苏州人，吃得讲究，活得滋润，哪怕对待一碗白米粥也是如此，这也是苏州人生活的一个精神写照。袁枚认为白米饭为"在百味之上"，因此仅仅米饭，苏州人就探索出了多种吃法，甚至"遇好饭不必用菜"。而喝粥时的佐餐小菜——吃粥菜，也是必须要讲究的。酱菜和腌菜，同样也是平淡生活、精致态度的体现。

说饭：知味者，遇好饭不必用菜

　　"历古到今，没听说有吃饭吃厌的！"每当小孩不愿吃饭，苏州的好婆往往会来这么一句。事实的确如此，至少在苏州是这样的。天天青菜萝卜没人受得了，天天蟹粉虾仁更加吃不消，好酒好肉之后，再问他想吃什么，十有八九说的是："来一碗饭吧！"

　　"来一碗饭吧！"这句话，至少可追溯至新石器时代，《太平御览》中就有"《周礼》曰'黄帝始蒸谷为饭'"的记载。只不过囿于当时的生产力，黄帝蒸的是"谷"而不是"米"，还算不得是真正的"白米饭"。真正的"白米饭"，至今也有三千多年了。《诗经》中的"或舂或揄，或簸或蹂。释之叟叟，烝之浮浮"，生动地描述了当时的人们舂米、去麸、淘米、蒸饭的场景。令人感到有趣的是，二十一世纪的我们沿袭的居然是公元前十多世纪时就已有的工艺。至多也就是竹编笼屉进化成了电饭煲或者不锈钢蒸饭车，碾米的石臼被隆隆的机器声送进了民俗博物馆。

　　不明白袁枚为什么会在认同蒸饭"颗粒分明，入口软糯"的同时却不喜欢蒸饭，他给出的解释是"然终嫌米汁不在饭中"，也实在是令人费解。记得当年进厂当学徒时，每天第一件事就是取出饭盒淘米，然后加上水，盖上盒盖，放在食堂的大笼屉里。密闭在饭盒里的饭，米汁又能上哪去呢？要说蒸饭的不足，那就是饭香远不如煮出来的诱人，尤其是不

如老式灶头上烧出来的"大锅饭"香。

大锅饭用的是烧柴的灶台，刚点火时新柴猛火，待饭镬煮沸之后，改成文火慢慢焖，等到灶膛里的火暗了，锅里的饭也就可以吃了。这种大镬子煮出来的饭很香，因而苏州人常称"大锅饭香"。而"大锅饭香"的另一层意思则是"人多吃饭香"。从前是一大家子人开伙，少时七八人，多则十几人，菜又少，烧一锅饭下五六斤米是平常事。现在想想，这种饭才真正称得上是香喷喷的白米饭。只可惜现在很少能再有这福分了。小家庭三两个人，还整天惦记着要减肥，一顿饭能下半斤米就算不少了。这一点点饭放在煤气灶上烧，十有八九要烧焦，即使没烧焦，出来的也是"急火饭"，没来得及涨开的饭粒一点糯性也没有。若是用电饭煲，省事倒是省事了，可烧出来的饭总是上面的干，底下的烂。偏偏我家太太还是个喜欢吃干饭的，总是抢着把面上的饭先盛走，害得我老是跟在后面吃软饭，说来总觉得有点别扭。

挺奇怪的，这被袁枚称为"百味之本"的白米饭，居然很少有人对它加以关注。老饕对它常是不屑一顾，写食谱的似乎也不愿在它身上多着墨，这似乎多少有些不厚道，难怪袁枚要在《随园食单》中为白米饭鸣冤叫屈了："往往见富贵人家，讲菜不讲饭。逐末忘本，真为可笑。"因为他始终觉得："饭之甘，在百味之上；知味者，遇好饭不必用菜。"

除了蒸和煮，还有一种现在已不常见的"半蒸饭"。晚清学人夏曾传在《随园食单补证》中介绍道："北方煮饭，以大铜锅多放水煮，至六七分乃倾去米汁，复蒸干之。闽中亦然。殆即古之半蒸饭也。"

据说这样做出来的米饭不仅外观好看，而且软糯香甜、香气宜人，至少能将米饭的质量提升几个等级。半蒸饭最大的特点是松和软，松软的米饭更容易吸收卤汁，滗去了米汁，饭粒也没那么黏了，拌起饭来更显轻松自如。因此用来做"鱼翅捞饭""鲍鱼捞饭"等名菜的打底，没有比它更合适的了。

先煮后捞出再蒸，看着有些麻烦，其实一点不难，喜欢自己动手做美食的朋友，不妨试试。取米一斤，淘净加水，水要多，至少要比电饭锅煮饭时多放三四倍。旺火急烧，水没沸时，最好拿着漏勺搅几下，以免粘底，等到米粒涨发，熄火捞出，有条件的将米粒上笼屉，没条件的放在容器中也行，大火蒸上十分钟左右就行了。蒸好别急着打开锅盖，等上三分钟，不然的话，表面的米饭容易"见风硬"。盛上一小碗，碟子里一扣，至于是搭配鱼翅还是鲍鱼或者是荷包蛋，都不重要，好吃好玩并且还够档次，这才最重要。

按照夏曾传的说法，半蒸饭是流行于北方的一种饭食。以我之见，这个说法不够准确。在江南，这种做饭方式应该是很普遍的，我小时候就经常看大人这样做。一大锅米汤水，先用铜勺把面上那层"浓滑如膏者，名曰米油"的液体撇出，然后用笊篱取出米粒入笼屉再蒸，锅里剩下的就是民间称之为"米饮汤"的米汁了。

这可是个好东西。在牛奶还是奢侈品的年代里，遇上宝宝奶水不够，妈妈就靠一天一碗加了红糖的"米饮汤"来养血催乳，而婴儿的母乳替代品一定也是它。男人也能喝，撇出的"米油"就是一种很好的功能性食品，服用后有"补液填精"之奇效。在西医眼里，它是个好东西，遇上了只能喝"流质"的病人，营养配餐里的主食往往就是米饮汤；在中医眼里，它也是个好东西，许多药方所用的药引子，首选的往往也是米饮汤。

拿米饮汤来做菜，也很不错。湖南湘菜里有一道"米汤豇豆"，先用猪油将豇豆炒至半熟，然后下米汤焖一会儿，放点盐，不用放味精，吃起来的味道就相当不错。还有一道"上汤苋菜"，烹制时也可倒入一些米饮汤，这样吃起来尤其香嫩滑糯，风味十足。

江南地区老灶台

吃饭：寓乐于吃，吃之正道

蛋炒饭

中式快餐中，最受欢迎的就属"蛋炒饭"了。究其因不外乎三点。首先，它制作容易，打上两枚鸡蛋，放入一些冷饭，在油锅里划拉几下，不过三五分钟，连饭带菜就都有了。其次，它性情最为随和，除了汤汤水水，它和谁都能配得拢。打开冰箱，取出冷饭，顺便看一看角角落落里有没有什么零碎食材，哪怕上一餐吃剩的碗底菜也无妨，放在一起炒出来一样有滋有味。再有一点，也是最重要的一点，那就是它能给人带来很大的创意空间。先炒蛋，后炒饭，叫"金镶银"；反之则叫"银镶金"；放入虾仁或者火腿肠之类，便可称之为"扬州炒饭"；如果加入了几条鱿鱼丝或是几颗海虾粒，那么出来的就是"海南炒饭"了。寓乐于吃，这本就是吃之正道。

刨根问底一下，这蛋炒饭还真称得上是"名门之后"。隋朝有个叫谢讽的人，曾经做过隋炀帝的"尚食直长"，大约就是宫廷的厨师长，在他写的《食经》里有一道"越国公碎金饭"，据后人考证，这就是蛋炒饭的前身，是隋炀帝下江南时传带过来的。如此说来，苏州的蛋炒饭的历史应该还要早一些。谢讽所说的"越国公"，就是那位一千四百多年前

蛋炒饭

废了姑苏城，后在新郭修建苏州城的越国公杨素。他老人家如此喜欢蛋炒饭，应该会在他一手圈定的"新苏州"城里好好把"碎金饭"光大一下吧？清人夏曾传的《随园食单补证》中也有关于蛋炒饭的描述，名字还特别好听——木樨饭——"京师之名也。以鸡蛋打匀，先起油锅，将饭下

锅，然后下蛋，须与饭相称，蛋饭相融，不使成块为妙。素油须炼透，荤油亦可起锅，加葱花少许，味美而省事，急就法也。"《清稗类钞》中也有关于蛋炒饭的记载：当时有个叫黄均太的，是两淮八大盐商之首。他吃一碗蛋炒饭，要耗银五十两。这碗蛋炒饭要保证每粒米都完全完整，又必须粒粒分开，还必须每粒米都泡透蛋汁，外面是金黄的，内心是雪白的。配这碗饭要有百鱼汤，这百鱼汤里包括鲫鱼舌、鲢鱼脑、鲤鱼白、斑鱼肝、黄鱼鳔、鲨鱼翅、鳖鱼裙、鳝鱼血、鳊鱼划水、乌鱼片等。这么些东西烩做一锅，真是地道的土豪做派。不过。我倒是有幸品尝过一次堪称"极

厨艺学校学生做扬州炒饭

品"的蛋炒饭。这位仁兄炒饭另有一功。他炒饭不起油锅，冷饭入冷锅开中火。右手拿着铲刀一边翻炒一边轻轻拍压饭团，左手则拿着勺子缓缓地往锅中加入事先调好味的鸡汁，一直炒到米粒变软，饭团散开，转大火，倒入蛋液后继续翻炒，同时一点点地往里淋菜油，似乎是以不粘锅底为准。直至炒得裹上了蛋液的饭粒开始发亮，再入火腿末和豌豆，炒匀炒透，撒上一把切得细细的香葱末子装盆上桌。据他说，别看过程麻烦，可自有妙处在内，先将饭粒入得鸡汤之美，再以蛋液封住，最后入配料炒到熟为止，这样炒出来的饭才能吃出层次。一勺入口，配菜之味在先，鸡汁之美在后，菜是菜来饭是饭，绝不会像通常的蛋炒饭那样，等到全部下肚了，也说不清楚吃下去的到底是菜还是饭。

吃饭要吃出抽丝剥茧的感觉，确实也蛮难为人的。

咸肉菜饭香

咸肉菜饭历来就是很多苏州人的最爱。每逢霜降之后，新米上市，老苏州就会用苏州特有的"矮脚青稞菜"和自家腌的咸肉，亲手烧制一顿咸肉菜饭。当年的新白米，淘得不见一丝米泔，若是米质稍微差一点，添一把糯米进去，口感就会好得多。青菜可以多一些，洗净后切成半寸长短最为合适。咸肉则不能多，多了不但会觉得过咸，更会喧宾夺主，把青菜、白米的质朴给掩盖了，少放一些，能吊出鲜味来就可以了。然后就是点燃灶膛火，把切成骰子大小的肥瘦相间的咸肉丁急火里滚上一会儿，等到肉汤色浓，盛起待用。接着在锅里放一些菜油，将青菜煸一下后把白米咸肉连汤一起放下，用铲刀搅搅匀，盖上锅盖，旺火烧沸，从灶膛里酌情抽出一些柴火，由着它慢慢地把锅中的菜饭焖熟、焖香、焖出黄灿灿、油光光的饭粢。菜饭好坏，火工要占一半。农家用大口的铁锅烧饭，无论是加热还是受热，都能达到均匀有致，烧出来的菜饭自然没有二话，这样的装备，别说电饭煲比不过，就是用煤气灶加钢精锅，也断不会有这一等一的好滋味。曾在报上见人介绍："将数块砖石在园子里垒起一个土灶，上架铁锅，下烧干柴，将咸肉菜饭烹至九成熟时即熄火，让土灶下的余炭将锅中的咸肉菜饭焖至软熟，揭锅后的菜饭除口感好，色香味俱全外，还具有难得的田园情趣。"办法确实不错，但估计邻舍意见不小。改用煤球炉加生铁锅来煮，也不失为一个办法。煮饭时先在煤气灶上把菜饭烧至七八分熟，而后移至煤球炉上，关小炉门改成小火焖，过上几分钟就把铁锅转一下，尽量让它均匀受热，等到饭香出来了，把炉门关上再焖一下，便算大功告成。

久居上海的包天笑也十分喜欢咸肉菜饭，曾作诗以托乡情："咸肉菜饭香又醇，难得姑苏美味真。年年盼得霜打菜，好与新米作奇珍。"

茶淘饭

在苏州，早上一碗"茶淘饭"当早点，可谓是由来已久。徐珂的《清稗类钞》就有苏州才女、"秦淮八艳"之一的董小宛喜食茶淘饭的记载："（董小宛）性澹泊，于肥甘食物，一无所好。每饭，以芥茶一小壶温而淘之，佐以水菜数茎、香豉数粒，便足一餐。"由此可见，至少在明末，茶淘饭就已成了一道苏州人喜欢的平常食馔了。与苏州颇有渊源的曹雪芹似乎对"茶淘饭"也情有独钟，他在《红楼梦》里，就借贾

宝玉之口提到了茶淘饭，"宝玉却等不得，只拿茶泡了一碗饭，就着野鸡瓜齑忙忙的咽完了"（四十九回）；"宝玉只用茶泡了半碗饭，应景而已"（六十二回）。在苏州几乎家喻户晓的《浮生六记》的著者沈复，其妻子芸娘是位治厨高手："芸善不费之烹庖，瓜蔬鱼虾一经芸手，便有意外味。"她也十分喜欢"茶淘饭"，以至于到了"每日饭必用茶泡"的境地，可见"茶淘饭"的魅力有多大了。其实，沈复的"每日饭必用茶泡"有"毛

茶淘饭

病"，因为一年三百六十五天，有一天是不能吃茶淘饭的，这在《清嘉录》有记录："元旦为岁朝，比户悬神轴于堂中，陈设几案，具香蜡，以祈一岁之安。俗忌扫地、乞火、汲水并针剪。又禁倾秽、浇粪。讳啜粥及汤茶淘饭。"

于饭而言，苏州话里的"泡"和"淘"表达的意思不尽相同。带有"泡"字的，如"泡饭""饭泡粥"等都应该是经过了加热烧煮的，而"开水淘饭""茶淘饭"等不用烧，拿开水一冲就直接吃。在"泡"和"淘"之间有个问题挺纠结的。一般来说，经过了烧煮的泡饭比较软熟，吃下去容易消化，如果是烧"饭泡粥"或是"咸泡饭"之类的，那一点问题也没有。但想吃"茶淘饭"就有麻烦了。泡开的茶水和冷饭一起在锅子里滚上几下，剩下的大约只有苦和涩了。对此，我的经验是，先将冷饭在微波炉里加热两分钟后取出，再用白开水涨发后滗干，然后再用茶水来"淘"。这样一来，不但饭粒松软滑爽，而且由于先前的白开水洗去了"饭气"，咀嚼之下，更觉茶香平添三分，当得上是两全其美。

至于吃"茶淘饭"时的过饭小菜到底有什么讲究，那就是仁者见仁、智者见智了。叶灵凤老先生认为家乡的盐渍萝卜干配茶淘饭是"天衣无缝"，芸娘则是"喜食芥卤乳腐，吴俗呼为臭乳腐，又喜食虾卤瓜"，董小宛独爱"水菜数茎、香豉数粒"，至于贾宝玉，这一点上他倒是很随和，有啥吃啥，一点也不讲究。

说白了，好吃不好吃，无非就是一种感觉。吃出了感觉，而且这感觉还不错，也就无所谓什么"定规"了。

伴粥: 粥菜的讲究

对于老苏州人来说，吃粥远比吃饭的次数要少。老苏州人吃粥的不外乎有这几类：一种是家里小孩多，这和当年范仲淹"划粥断齑"的情形有点对得上，基本点还在"囊中羞涩"上。还有一种则是家里挺有钱又有闲的，鸡鸭鱼肉不断，一天到晚，各种点心不知吃多少的，也喜欢吃粥，名曰"养生"。在苏州，有一句不中听的话，叫"派头一落，三顿吃粥"，常被用来挖苦那些外表光鲜、囊中羞涩的人。不管怎么说，苏州人虽然粥喝得不多，但"吃粥菜"却是一点也不马虎。

晒酱

"吃粥菜"，泛指喝粥吃泡饭时佐餐的小菜，具体来说，又有酱菜和腌菜两大类。所谓的"酱菜"自然离不开酱。

"酱"应该是江南人特有的专利，因为只有江南才会有能生出好闻又好吃的酱的黄梅天。从前的苏州人家中，各家的廊檐下，都会或多或少地排列着几口大小不一的酱缸。可以说，对于老苏州主妇来说，每年的晒酱和腌菜一样，不仅仅是一个为家中储备食材的行为，更多意义上还是她们每年一度的才艺展示，同时也是维系社区亲情的一个方式。家

家户户晒出的酱,除了留出一部分自家用外,其余的就会分送给左邻右舍,而左邻右舍们也同样会回赠上一碗。虽然在场面上,彼此都会夸奖对方的酱晒得好,其实谁家好一些,谁家差一些,大家还是有嘴的。关于这一点,弄堂里的孩子最有发言权,因为常常会接到这样的指令:去,到王家阿婆(或是李家婶婶)家舀一碗酱!

至于酱的种类,在古籍《醒园录》中有米酱、清酱、面酱、甜酱之分,但在苏州,似乎只有甜酱和咸酱两种。咸酱的做法,费孝通先生在《话说乡味》中有着很生动的描写:

酱是家制的,制酱是我早期家里的一项定期的家务。每年清明后雨季开始的黄梅天,阴湿闷热,正是适于各种霉菌孢子生长的气候。这时就要抓紧用去壳的蚕豆煮熟,和了定量的面粉,做成一块块小型的薄饼,分散在

养蚕用的匾里，盖着一层湿布。不需多少天，这些豆饼全发霉了，长出一层白色的绒毛，逐渐变成青色和黄色。这时安放这豆饼的房里就传出一阵阵发霉的气息。不习惯的人，不太容易适应。霉透之后，把一片片长着毛的豆饼，放在太阳里晒，晒干后，用盐水泡在缸里，豆饼溶解成一堆烂酱。这时已进入夏天，太阳直射缸里的酱。酱的颜色由淡黄晒成紫红色。三伏天是酿酱的关键时刻。太阳光越强，晒得越透，酱的味道就越美。

逢着阴雨天，酱缸要都盖住，防止雨水落在缸里。夏天多阵雨，守护的人动作要勤快。这件工作是由我们弟兄几人负责的。暑假里本来闲着在家，一见天气变了，太阳被乌云挡住，我们就要准备盖酱缸了。最难对付的是

酱园。晒酱最怕的是生水，一旦沾到，一缸酱就会全报废

苍蝇，太阳直射时，它们不来打扰，太阳一去就乘机来下卵。不注意防止，酱缸里就要出蛆，看了恶心。我们兄弟几个觉得苍蝇防不胜防，于是想了个办法，用纱布盖在缸面上，说是替酱缸张顶帐子。但是酱缸里的酱需要晒太阳，纱布只能在阴天使用，太阳出来了就要揭开，这显然增加了我们的劳动。我们这项"技改"受到了老保姆的反对。其实她是有道理的，因为这些蛆既不带有细菌也无毒素，蛆多了，捞走一下就是了。

费先生家中用豆做的酱，应属《醒园录》中所称的"清酱"，苏州人也常称其为"豆瓣酱"。而在我的记忆中，家中做的"甜酱"，也即坊间常说的"甜蜜酱"（也有说"甜面酱"的），工艺相近，但主料不同，不用蚕豆而用面粉。制作的过程大致为：先用凉水和面揉制成面团，面团切成厚片后蒸熟待用。客堂的地上先铺一层荷叶，再铺稻草，然后盖上一条凉席，蒸熟的面片就放在这上面，然后继续铺上稻草和凉席。十天不到，面片上就生出"霉花"了，等一个大太阳，待面片晒干后，用毛刷把霉花都刷干净，"酱黄"就算做成了，放入干净的瓷器中，就等三伏天来临了。晒酱前先烧一大锅水，这是个不能偷懒的环节，做晒酱最怕的是生水，一旦沾到，一缸酱就会全报废。然后就是把"酱黄"研成细粉倒入水中，加盐，加黄糖后放到户外向阳处，接下来的事情就和费先生文中所描述的都一样了。

酱菜

用酱做主料，在苏州的菜式中，常见的也就炖酱和炒酱这两样。通常情况下，又以炖酱为多。这种酱有一个很特别的地方，就是每一次加热都相当于是再一次提鲜。每到新酱制成的时节，家中每天的饭锅上总会炖上一碗酱，天天一炖，越炖越鲜，吃到最后，酱碗见了底，总会有人赶紧抢着把碗中的米饭倒入酱碗，决不放弃最后的那点鲜味。至于炒酱，似乎要隆重一些，常在置席待客时才会做。其中的食材当然也会丰富许多，除了炖酱时常放的肉丁、豆腐干丁等，还会结合时令，放入笋丁、茭白丁、去衣花生、毛豆、糠虾、开洋等辅料，还有更考究的，如源自苏州、成名于上海的"八宝辣酱"，其中还加入了猪肚、腰花、虾仁、干贝等物料。

酱，最大的用途，应该还是制作成各类酱菜。比起北京"六必居"、扬州"四美"等酱菜，苏州酱菜的影响力要逊色许多，居家自做酱菜的更是少之又少。苏州酱菜中比较出名的有吴中区的"甪直萝卜"和吴江平望的"蜜汁乳瓜"、吴江震泽的"玫瑰大头菜"等几样。

甪直萝卜，早在清朝时便已声名在外。清道光年间，甪直东市有一家张源丰，以制鸭头颈萝卜闻名。因价廉物美，鸭头颈萝卜成为方圆百里居民的佐餐佳品。至同治某年，鸭头颈萝卜生产过剩，为避免霉变，就将酱缸封覆，来年春夏之际起缸，萝卜色泽透亮，将它切成薄片，轻咬细嚼，口味清酥香醇，甜中带咸，且久藏不坏。这种萝卜上市后大受顾客青睐，于是，"源丰萝卜"之名家喻户晓，被人誉为"素火腿"。镇上酱园纷纷仿制，也都自称"正宗甪直萝卜"。

费孝通曾在《话说乡味》中记道："这酱缸还供应我们各种酱菜，最令人难忘的酱茄子和酱黄瓜。我们家乡特产一种小茄子和小黄瓜，普通炖来吃或炒来吃，都显不出它们鲜嫩的特点，放在酱里泡几天，滋味就脱颖而出，不同凡众。"费老描述的酱缸里出来的小黄瓜，其实就是出自吴江平望的"蜜汁乳瓜"。蜜汁乳瓜，又称"童子蜜黄瓜"，以初创于清光绪十一年（1885）的达顺酱园出产的"银杏"牌最为著名。达顺酱园自开创以来，就对选料有着严格的要求，所需生黄瓜必定要是每天清晨采摘的瓜体型小、刺尖密、色泽青翠的带花童子瓜。黄瓜的采购由酱园派

用直萝卜干的腌制完全用古法手工完成

专人负责，选用的黄瓜必须要大小匀称，一斤二十四条。采购的黄瓜二十条结成一把，平铺轻放，不能碰伤，快采快运，一进酱园便放入盐水中腌制，七天后捞出，放入稀甜酱缸中酱制。选用的酱料必须要具有鲜甜味足、酱香色浓、后味强劲等特点，再配以白糖、蜂蜜等辅料，这样酱出来的乳瓜才会"鲜、嫩、脆、甜"齐全，同时还能使酱瓜呈现出瓜身翠

用直酱园晒酱和晒制萝卜干场景

绿、瓜茎部有丝丝金黄细纹的外观。因为这特殊的外观，"蜜汁乳瓜"又有别称"金丝黄瓜"。

平望所出的玫瑰大头菜，也是苏州人十分喜欢的一道酱菜。大头菜即芜菁，也称蔓菁、圆根。陆游《蔬园杂咏》中有言："往日芜菁不到吴，如今幽圃手亲锄。凭谁为向曹瞒道，彻底无能合种蔬。"据此可知，苏州地区在南宋时就已种植大头菜了。《吴门表隐》卷五称其"出太湖诸山"。玫瑰大头菜即取于此，剥皮后入窖腌制，腌坯起窖后切削整形，再切成薄片，片片连缀不断，然后用甜面酱浸渍，配以白糖、玫瑰花瓣等辅料加以精制。成品呈椭圆形，显深褐色，刀纹清晰，每片之中又有鲜红的玫瑰花瓣，鲜艳夺目，馨香扑鼻，以甏装最能保持原味。吃时，淋上麻

蜜汁乳瓜

玫瑰大头菜

油，更为可口，尤其适宜秋冬季节食用。至于春夏季节，有人会觉得玫瑰大头菜稍显甜腻，不如吴江所出的另一种大头菜，即吴江震泽的"香大头菜"。这种大头菜又名"合掌菜"，因其腌制的成品酷似五指合并的手掌，故又含有吉祥如意的意思，吴江四乡农村普遍种植，且以嘉兴种为选栽上品。嘉兴种个头小，质细嫩，有天然清香。冬季收菜，洗净晒干、切片、盐渍、起缸去水分，干爽后装甏，压紧密封，甏口覆泥倒置存放到初夏，开甏香气浓郁，供作粥菜，松脆爽口。它比玫瑰大头菜更胜一筹的是能熟吃，"肉丝炒香大头"历来为苏州人所喜欢。据《震泽镇志》介绍，香大头菜内销京、沪、苏、浙、粤诸省市，出口海外，亦极受欢迎。

064

| 品味 | 口感苏州 | **饮食经** |

腌菜

在苏州人眼里，腌菜比晒酱来得更为重要。费孝通的《话说乡味》中也有提及："县城里和农村一般，家家有自备的腌菜缸，腌制各种蔬菜。我家主要是腌油菜薹（按《现代汉语词典》，薹字并不同于简笔字苔）。每到清明前油菜尚未开花时，菜心长出细长的茎，趁其嫩时摘下来，通常即称作油菜心，市上有充分供应，可以用来当蔬菜吃，货多价廉时大批买来泡在盐水里腌制成常备的家常咸菜。腌菜缸里的盐水，大概在腌制过程中有一种霉菌的孢子入侵，起了发酵作用。油菜心在缸里变得又脆又软，发出一种气味。香臭因人而异，习惯喜吃这种咸菜的说是香，越浓越香，不习惯的就说臭，有人闻到了要打恶心。"也许是费先生家靠浙江的缘故，所以这听起来有点像宁波人吃的"臭苋秆"。据我所知，苏州城里虽然也有"腌菜薹"的人家，但腌成这样的十分少见。

苏州人家最多的是"腌大菜"和"腌雪里蕻"，时间主要集中在腊月。苏州人的"腌大菜"选用的是青菜。旧时苏州的青菜，主要分为两大类，一类是出自于吴江一带的"矮脚青稞菜"，这种青菜的叶子呈深绿色，而菜秆则为淡绿色，且较短，很少听说有人拿这种菜来做腌菜的。另外一类则主要分布在苏州城区四周，叶面颜色同前者，但菜秆又粗又长，颜色则呈白玉色，苏州人称其为"长脚白秆菜"，俗称"大菜"，通常用于腌菜的往往就是这种青菜。对此，吴江人就有些不以为然了，范烟桥就在《茶烟歇》中直言："惟苏州菜不及吴江菜之性糯，吾乡多腌菜，苏人至今称腌菜为腌齑。"意思是用吴江的"矮脚青稞菜"腌成的才好吃，而苏州人用"长脚白秆菜"腌出来的只能叫"腌齑菜"。确实，苏州人有把腌菜称作"腌齑菜"的，莫旦的《苏州赋》下有注："吴下比屋盐齑，为御冬之旨蓄。"但此处的"腌齑菜"似是指"腌雪里蕻"（旧时也称箭秆菜），

雪里蕻

大多数苏州人最喜欢用它来做腌菜。《清嘉录》中也有注："长、元、吴《志》皆载藏菜即箭秆菜，经霜煮食甚美。秋种肥白而长，冬日腌藏，以备岁需。"不但这样，有时所谓的"腌齑菜"还有特指，如我家的"腌齑菜"就是将腌好的雪里蕻取出切成细丝后放入小瓮，塞紧，稻草堵口，再用油纸封口，然后倒置在放了水的"绿匹"盘中。这样处理后，吃到明年夏天，仍是喷香扑鼻而且鲜味有加。

至于腌菜的方法，几乎都如汪曾祺先生所说的那样："咸菜是青菜腌的。我们那里过去不种白菜，偶有卖的，叫作'黄芽菜'，是外地运去的，很名贵。一盘黄芽菜炒肉丝，是上等菜。平常吃的，都是青菜，青菜似油菜，但高大得多。入秋，腌菜，这时青菜正肥。把青菜成担的买来，洗净，晾去水汽，下缸。一层菜，一层盐，码实，即成。随吃随取，可以一直吃到第二年春天。腌了四五天的新咸菜很好吃，不咸，细、嫩、脆、甜，

腌雪里蕻。大多数苏州人喜欢
用雪里蕻来做腌菜

难可比拟。"

　　腌菜虽是平常之物，但喜欢这味道的大有人在。周作人先生就好
这一口，他在《腌菜》一文中说道："金黄的生腌菜细切拌麻油，或加
姜丝，大段放汤，加上几片笋与金钩，这样便可以很爽口地吃下一顿饭
了。"汪曾祺先生也介绍过一道"咸菜慈姑汤"："咸菜汤是咸菜切碎了
煮成的。到了下雪的天气，咸菜已经腌得很咸了，而且已经发酸。咸菜
汤的颜色是暗绿的。没有吃惯的人，是不容易引起食欲的。咸菜汤里有
时加了慈姑片，那就是咸菜慈姑汤，或者叫慈姑咸菜汤，都可以……我
很想喝一碗咸菜慈姑汤。"贵为天子的乾隆皇帝也好这口。《江南节次
照常膳底档》有记载，乾隆皇帝南巡时，曾在一天中吃了两道用腌菜做
的菜，一道是"腌菜花炒面筋"，一道是"腌菜炒燕笋"。所谓"燕笋"系
苏州地方特产之一，民国年间的《我之笋与鱼之絮语》记为："昆山有燕

燕
笋

笋，出于燕子来时，故名，视冬笋犹小，莹白如玉，取腌雪里蕻拌食，名曰"雪燕"，不特风味致佳，其命名亦殊隽绝也。"有趣的是，这两道菜时至今日仍是苏州人最喜爱的家常菜。"雪菜水面筋"历来是夏天的热销菜，只是燕笋难见，只能换用冬笋，"雪燕"也就只能成"雪冬"了。

说不清苏州人家中到底有多少种腌菜，但有两样腌菜，却是不能不说的。一道叫作"春不老"。包天笑《衣食住行的百年变迁》写道："春不老，此亦盐渍物，冬末春初，以青菜心佐以嫩萝卜，用精盐渍之，加以橘红香料，其味鲜美，宜于吃粥，名曰'春不老'，亦大有诗意呢。"具体的制法有点麻烦，先将青菜洗过，去除老叶，放在通风阴凉之处阴干，将萝卜切成条，用线穿起，过冬至后悬挂在通风处继续阴干。十多天后，青菜切成段，用盐揉去水分，放入切成小段的萝卜一起揉，放一晚后装坛，撒上盐以及橘红、茴香末，装坛时塞紧，要尽量排出坛里的空气，最后以稻草塞口，翻放在阴凉处就可以了。类似的做法还有"酱油萝卜"。入冬后，选用上好的太湖萝卜，切成条后阴干，然后用盐腌一个晚上，再阴干，等到表面没水，放入酱油中，多加些糖，塞入瓿中，几天后就能食用，鲜美爽口，食之难忘。还有一道则是"辣白菜"，这也是苏州人很喜欢的一道冬令菜，制作也相对容易。把白菜掰开吹一晚，切成丝后撒上盐，压几个小时，然后轻轻挤去水分，再在阴凉处放一个晚上阴干，最后放入白醋、辣椒丝和糖的混合液中浸泡三五天就可以了，要点很简单，就是糖要多，但千万别放"甜蜜素"。"辣白菜"吃起来咸中有甜，甜中有酸，微带辣意，脆爽有加，佐酒过饭皆相宜。

余味

除了酱菜、腌菜外，苏州的乳腐也曾名噪一时，甚至元代时就被意大利人马可·波罗认为是"东方的奶酪"。至清乾隆年间，乳腐在袁枚的《随园食单》中已有多种形式出现："乳腐，以苏州温将军庙前者为佳，黑色而味鲜。有干湿二种，有虾子腐亦鲜，微嫌腥耳。"苏州乳腐制法大同小异，都如清人《调鼎集》中所述"红乳腐"的做法："豆腐压干寸许方块，用炒盐、红曲和匀腌一宿，次用连刀白酒，用磨细和匀酱油，入椒末、茴香，灌满坛口，贮收六月更佳，腐内入糯米少许。"但因配料不同，苏州乳腐又有名目的分别，如糟方、酱方、清方、酒方、醉方、玫瑰乳腐、火腿乳腐、蘑菇乳腐等，风味也各具特色。做乳腐起于民间，苏州人家所做的乳腐别具风味，品类也多。旧时苏州有句俗语"徐家弄口糟乳腐"，这糟方也实在是名品。齐门下塘徐家弄口有一家复茂豆腐作坊，起于明末，善制酒糟乳腐，装于瓷砂罐出售，其味可口，每岁五六七月，无数小贩前来，肩挑竹担，在长街短巷间唤卖，虽属小本生意，利亦不薄。吴江盛泽人家则将豆腐干坯以酒腌之，俾其出毛，名为鲜毛乳腐，属酒糟乳腐的别裁，蚍蛥《盛泽食品竹枝词》咏道："检点随园旧食单，家厨何足劝加餐。鲜毛乳腐多加酒，制法难于豆腐干。"不知苏州"鲜毛乳腐"的历史能不能和皖南的"毛豆腐"拼一把。

此外，苏州人的吃粥菜还有许许多多，如《浮生六记》中，沈复说他太太芸娘"其每日饭必用茶泡，喜食芥卤乳腐，吴俗呼为臭乳腐，又喜食虾卤瓜"，貌似芊芊细娘，又是下得了厨房的一等吃客，竟然也这等重口味，苏州人在寻常物中寻觅无穷味的本事可见一斑。

当然，在苏州人的吃粥菜中，堪当阳春白雪的自然也是

大有所在。闻名于世的"太仓肉松"、采芝斋的"虾子鲞鱼"以及包天笑所说的"很好的粥菜，如火腿、熏鱼、酱鸭、糟鸡之类"，当然也会有皮蛋、鸭蛋、茶叶蛋等，但只怕很少会有人点全。如果把苏州人的吃粥菜拿来编一段"报菜名"，一定也会很受欢迎。

苏州人，吃得讲究，活得滋润，哪怕对待一碗白米粥也是如此，这也是苏州人生活的一个精神写照。

俭食材

苏州人的家常菜都比较简朴，可是简朴得并不马虎。经济实惠，精心制作，这是苏州家常菜的特点。这种特点还体现在对食材的处理上，来自山野的野山葱、桃胶、蕨菜、山笋、香椿头、"雕胡"乃至水八仙，随处可见，而经过苏州人的巧手烹制，便成了餐桌上的美味佳肴。

简而精：简朴而不马虎

陆文夫的《姑苏菜艺》里写道："一般的苏州人并不经常上饭店，除非是去吃喜酒，陪宾客什么的。苏州人的日常饮食和饭店里的菜有同有异，另成体系，即所谓的苏州家常菜。饭店里的菜也是千百年间在家常菜的基础上提高、发展而定型的。家常过日子没有饭店里的条件，也花不起那么多的钱，所以家常菜都比较简朴，可是简朴得并不马虎，经济实惠，精心制作，这是苏州人的特点。"

"简朴而不马虎"，苏州人都这样。就拿最平常不过的大青菜来说吧，通常的做法是将买回来的青菜先剥去几片黄叶，洗净切断下锅油炒。但仔细想想，这样的吃法算不得尽美。因为随便哪一棵青菜，都是外层的菜叶相对老一些，越往里越嫩，不分里外同锅一炒，难免顾此失彼。顾得了老叶的软熟，嫩菜心便生出了软塌塌的感觉。反之，留住了嫩菜心的生脆，外面的老叶却还是半生不熟，而且还没入味。更要命的是，若天天饭桌上都是这"青菜烧青菜"，是谁都会抱怨自己早晚会吃成一个"青肚皮猢狲"。

不马虎的苏州人买回青菜后的第一桩事情，便是将青菜来一个"一分为三"。先从每棵大菜上掰下四五片菜皮，剁成细末放在瓮里用盐渍上两三个小时，吃的时候放上点剥好的毛豆急火炒一下，一碟墨绿的盐

渍毛豆子立刻带来了既爽又脆的味觉；接着掰下来的五六张，都是成熟度相差无几的，旺火大油中哗啦啦地翻炒几下，然后盖上锅盖稍稍焖一下，一碗香香糯糯、青翠欲滴的煸青菜就绝非平常滋味；最后的那一朵嫩菜心，也是整棵菜的精华，无论是拿它配香菇还是配肉圆，还是就让它去水里氽一下，点上几滴麻油做一道清汤，饭桌上也总是最受欢迎。

　　冬天的大白菜也这样，去掉黄叶后的几层用来做"辣白菜"，中间的部分做得最多的是"烂糊白菜"，更讲究一点的人家还会在里面放入虾仁或蟹粉，这就成了苏帮菜里的名馔"虾仁烂糊"或"蟹粉烂糊"。然后剩下的就是真正意义上的"黄芽菜"，煨火腿、炒鸡块、炒肉丝、素炒油

面筋，哪怕就是醋熘一下，都能让人食指大动，举箸难放。

在苏州人眼里，食材本无贵贱之分，就如袁枚的家厨王小余所说的那样："物各有天。其天良，我乃治。"关键在于你要懂。懂了，就能根据食材不同部位的不同特性而做出滋味大不相同的菜品，小日子才能过得既经济又实惠。

我的吃客姨父说过一个故事，说是他小时候——二十世纪二三十年代的时候吧，家里还很有钱，每逢要换家厨，老公公总是让人送来一条

与松鼠鳜鱼相似的菊花鱼球

七八斤重的青鱼，让试厨的随意发挥做上几道菜式，然后决定请不请这位师傅。

　　一条大青鱼到了厨师手里，总也逃不出鱼片、鱼丸、鱼块这几样，烧法上无非也就是红烧清蒸、煎煎炒炒，一条鱼整出十道八道菜式也算不上是大本事，难就难在出鱼片、刮鱼茸后多出的鱼骨、鱼皮以及鱼头、鱼尾怎么出菜，这才是真正考厨师功力的。就说鱼头吧，"青鱼尾巴鲢鱼头"，青鱼头肯定比不过鲢鱼头肥美，若是一般的厨师，便是仿照鲢鱼头的做法或是红烧或是拆烩，但到了好厨师手里，将拆骨后的青鱼头放在鸡蛋液里蒸羹，有了鸡蛋的滑嫩相辅，青鱼头的味道绝不输于鲢鱼头。普通食材能做出一等一的滋味，这还是其次。在真正的吃客和大厨眼里，除了鱼鳃、鱼苦胆不能吃，鱼身上所有的东西都是好东西：鱼鳞可以熬脂，鱼皮可以凉拌，就连腥味十足的鱼肝，照样能做出鲜嫩肥美的"红烧秃肺"。因而若是一条鱼拾掇好以后，案板上还多出一堆鱼皮、鱼刺、鱼零碎，任凭端上席面的菜肴有多美味，老公公也绝对不会聘请这位厨师。若是案板上干干净净没一点糟蹋，即便厨师开出的薪水高一些，老公公也会执意留住人。

　　但凡懂得"因材施技，物尽其用"的厨师一定是个好厨师，至少是个用心做事的人。凡事能用心去做，随便做什么，再差也不会差到哪里去。更何况，居家度日最要紧的是节俭，遇着了一位大手大脚的厨师，一大家人伙食开销不知要浪费多少冤枉钱，到时候，吃在嘴里，肉痛在心里，那才是真正的得不偿失。

　　可见得，苏州人的"简朴而不马虎"和有钱没钱一点关系也没有。

野而鲜：山野食材皆美味

　　旧时苏州城中颇多旷地，许多地方就都长着野菜，如王府基便是，顾福仁《姑苏新年竹枝词》咏道："王府基前荠菜生，滕他雏笋压凡羹。多情绣伴工为饷，不是春盘一例擎。"包天笑《衣食住行的百年变迁》写道："我们苏州的菜最多，价廉而物美，指不胜屈。我只说两种野生植物，一名荠菜，一名金花菜，乡村田野之间，到处都是，即城市间凡空旷之地，亦蔓延丛生。"著名作家周作人、汪曾祺在他们的同名散文《故乡的野菜》中都细述过许多种江南的野菜。然而时至今日，这些野菜有的早已被纳入了人工种植的行列，如荠菜、马兰头、蒌蒿、马齿苋、枸杞头、莼菜等；有的如苏州人俗称"荷花浪"的紫云英以及水生的"四叶菜"等也在逐渐进入垄沟，进入大棚，早已失去了昔日的田野水间的清香和泽润。偶尔还能在城墙边、庭院处看到有妇人坐在小板凳上，拿着一把小剪刀在杂草丛中觅寻着野生的荠菜以及马兰头的踪迹，采摘着往日的童趣，回顾着逝去的记忆，但这和食馔已经没有太大的关系了。

　　这确实是个遗憾，所幸的是上苍从来没有停止过对苏州人的垂爱。时至今日，在吴中大地的田野里、水沟边、山野中，还有着许许多多的野菜在静待饕客们，只是它们有的时候会受到人们的关注，有的时候却又被人们所淡忘。

上图∷香椿头　下图∷马兰头

野山葱和桃胶

    葱，因颜色青翠，自古就极受文人偏爱，屡屡能在古人的笔下看到
"葱"的身影——西晋潘岳的《射雉赋》中有"葱翠"，郭璞《江赋》有
"潜荟葱茏"，揭傒斯《题桃源图》有"烟霞俄变灭，草树杳茏葱"——
都给人带来一种苍翠茂盛的感受。近年来，随着人们对登山健身的热衷
愈发浓烈，生长在城西南丘陵山地中的"野葱"也愈来愈受到人们的关
注和喜爱。健身行走在山道中，走走停停，在眺望湖光山色时顺手摘取
几把草丛中的野山葱已经成为都市生活中的一种新时尚。

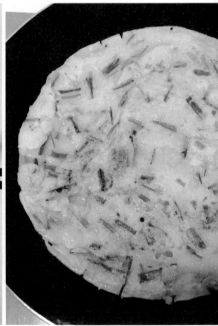

野山葱饼

　　野山葱，因为它的球茎部位比通常的小葱要大一些，所以也有人称它为"野小蒜"，还有人以它的叶瓣形状称之为"野韭菜"，总之都没离开"五辛"的味。野山葱和鸡蛋是绝配，用它来炒鸡蛋，香味既浓郁还长久，而且做起来也挺简单。采摘回的野山葱，摘去老叶和葱须，洗净后晾一下，然后切成细末，切得越细出来的成品味越香。把鸡蛋和葱末放在一起加些盐，略放一些白糖和菜油打匀，入锅小火煎至两面黄即可装盘了。如果想把它作为主食，可以在鸡蛋中加入一些面粉，和葱末一起搅成糊，摊成"野葱面衣饼"，味道也挺不错的。要是采回的野葱一时吃不完，也可以熬成葱油，用来拌面或是淋入汤中当香油，吃上十天半月绝对没问题。若是要做"野山葱炒肉丝""野葱烤野鲫"或者"葱油鸡"之类，则野葱的用量就比较多，然而野葱生长不易，采摘不易，所以只能偶尔为之。

　　有人说但凡有辛味、刺激性气味的葱姜蒜之类的都不能吃，说是吃了会坏人心性。可也有人说，不还有一句"小葱拌豆腐——一清二白"的歇后语吗？一道"生油拌豆腐"让很多苏州人印象深刻。把鲜豆腐先放在沸水中焯去些豆腥气，然后放入极细的野山葱末，倒入些新榨的菜籽油，搅拌成半糊状，用细盐和白糖调一下味，吃起来滑爽细腻，香贯口鼻。看着更是悦目，雪白的豆腐、金黄的油，夹杂着点点的葱翠色，"一清二白"中更透出了一股子山野的旷达，这难道不也是一种向上的情调？

　　桃胶，近年来也逐渐为人所喜爱，尤其是爱美的小姑娘，更是把它当成了美容食品中的优选。在《太平广记》中有一则关于桃胶的记载："桃胶，以桑木灰渍，服之，百病愈。久久身有光，在晦夜之地，如月出也。多服之，则可以断谷矣。"意思是说把桃胶用桑木灰腌渍一下，吃了治百病。吃久了身上会有光，在昏暗的地方，就像月亮出来了一样。多服用，还可以不吃五谷。听着就吓人，吃自然也就无从说起了。不过在《本草纲目》等古代医书的记载中，桃胶确实有着调血理气进而达到美容的奇效，女孩子喜欢用桃胶、木瓜、银耳一起炖成甜汤来美容也并非是想当然。只是要友情提醒一下，桃胶还有很强的降血糖功效，炖汤的时候，冰糖最好多加一点，以免喝多了，血糖降得多了，会有大麻烦。早些年，在洞庭西山的农家乐吃过一次"桃胶肉丝汤"，印象非常深刻，煮熟了的桃胶有点脆还有点韧劲，口感几乎和上等的海蜇差不多，从此以后，这道味道鲜美的肉丝汤也成了我家中的一道保留菜。桃胶的采摘很容易，看见桃树伤口部位一块块形如琥珀的凝胶就是了，轻轻一掰就下来，两三棵桃树下来就够吃一阵子了。只是清洗起来不太好办，也许是桃胶的香味和营养的缘故，桃胶上总会沾有一些小虫和灰沙，几经浸泡，几经清洗才能弄干净，前后算起来至少也得大半天。

蕨菜和山笋

2013年，央视二套节目组找我做"家宴"的专题，根据导演"不时不食"的要求，原计划去郊外采摘一些枸杞头、马兰头，可那几天赶上了气温飙升，预定的采摘地的枸杞头、马兰头已是寥寥无几，很难上镜了。无奈中，只能去就近的胥山上补摘了一些野山笋和野蕨菜。

蕨菜好办，袁枚的《随园食单》中就有烹制要点："蕨菜：用蕨菜不可爱惜，须尽去其枝叶，单取直根，洗净煨烂，再用鸡肉汤煨。必买矮弱者才肥。"采摘时挑选短茎粗壮的，摘菜时多掐去一些枝叶，烧制时多用些如鸡鸭肉之类的高汤就可以了。如果想要配菜，可以放些肉丝，也可放些豆腐干丝，既然是要感悟山野情，求清淡似乎更合本意。于此还得要友情提醒一下，《饮膳正要》中有警告："蕨菜，味苦，寒，有毒。动气发病，不可多食。"

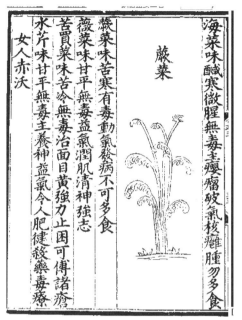

　　野山笋的处理就有些麻烦。所谓的野山笋，其实是一种丛竹的芽尖，粗的不过筷子粗，细的只有织毛衣的棒针那么粗，一支支都要剥去笋衣本就够磨人的了，况且嫩的还一碰就断，为了这一碟子野山笋，费了一个多小时。烧起来倒是不麻烦，苏州人本就有枸杞头和春笋丝同炒的习惯，只要别忘了炒前先把野山笋在沸水中焯上二十分钟，不然稍显苦涩，炒时略微少放一些油和糖，吃起来更具山野情。

　　也算是"无心插柳柳成荫"吧，那天实拍晚宴场景时，这两道菜一上桌便应了"风卷残云"的成语，害得导演只能两手一摆，摇着头直喊："过吧！过吧！"

香椿头和雕胡饭

香椿头也是一味很不错的野菜，用它来拌豆腐，可谓是绝配。汪曾祺在《豆腐》中有介绍："香椿拌豆腐是拌豆腐里的上上品。嫩香椿头，芽叶未舒，颜色紫赤，嗅之香气扑鼻，入开水稍烫，梗叶转为碧绿，捞出，揉以细盐，候冷，切为碎末，与豆腐同拌（以南豆腐为佳），下香油数滴。一箸入口，三春不忘。香椿头只卖得数日，过此则叶绿梗硬，香气大减。"只是时令太短，能吃的只是红芽初出的那几天，要不了十天半月，香椿叶就转绿，枝干变粗，别说香味全无，连入口都没法子了。虽然时间极短，但苏州人还是变着法子弄出不少花样。"香椿头炒蛋"最为人熟悉，凡是标榜正宗苏帮菜的馆子里都有这道菜，而酱拌香椿头则只有在居家之中才能一尝。记得我小时候在无锡乡下吃过一次油炸香椿头，先把香椿头放入鸡蛋糊里滚一下，然后入油锅炸一下，外形与面拖小鱼有几分相似，吃起来外脆里嫩，香彻肺腑，而且连盐都不放一粒，完完全全是本色。对了，有一点必须要提醒，不管是哪样的做法，千万不能放味精，调料也是越少越好，否则香椿头的意趣必定大打折扣。

在物产丰富的苏州，好吃的野菜可说遍地都是，如紫云英、鱼腥草、蒲公英、芦笋、地木耳等，但有一样却始终悬挂在很多苏州人的心头上，甚至可说是到了耿耿于怀的地步。

茭白，古称"菰"或"雕胡"，用秋茭白结出的果实——菰米做的饭一度也是古人的主食之一。早在商周时代，菰米就已是先人们的盘中餐，只不过不是佐餐的菜肴而是一种主食。《周礼·天官·膳夫》就有"凡王之馈，食用六谷（黍、稷、稻、粱、麦、菰），膳用六牲（牛、马、羊、豕、犬、鸡），饮用六清（水、浆、醴、凉、医、酏）"的记载。和苏州一水相隔的浙江湖州，古称"菰城"，可见"菰米"如今虽难觅踪影，但四五千年前却是先人们的一种常食。

菰米做的饭，即为文人笔下的"雕胡饭"。唐代李白有诗句"跪进雕胡饭，月光明素盘"；杜甫有"滑忆雕胡饭，香闻锦带羹""秋菰为黑穗，精凿成白粲"等诗句；宋朝诗人陆游也有"粥铛菰米滑，羹釜药苗香"的句子。

由杜甫诗句不难想象，菰米外表应该呈黑色，据说是因为茭白成长过程中有一种黑粉菌。初时因为黑粉菌的存在，茭白才能长得茎肉嫩肥、洁白如玉，若是茭白中生出黑丝，那就意味着品质步入了粗老的阶段，这时的茭白就不再受人待见了，只能静待着不断长黑变老，直至结籽生成菰米。

如今菰米的身价可是不菲，早些年国内很少能见其身影，只是偶尔出现在一些大型的洋超市里，产地标注的基本上都是美国或者加拿大，当地人称其为"印第安米"，在我国出售时统一标称为"菰米"，黑褐色，细细的长条形。据说其血统中也含有不少中国的成分：当年来华的传教士把黑粉菌带回美国，嫁接在了当地的"野米"茎秆中。可是模样、色泽和古代的"菰米"大不相同，口感也不行，全无旧时"菰米"那"滑而不腻，爽而油润，清香可口"的特性。令人奇怪的是，就这样的品质，一般的售价都要达到二三百元一公斤，更让人觉得奇怪的是，这样的高收益，为什么养殖茭白的农户不去尝试把菰米市场化？

茭白，用秋茭白结出的果实做的饭一度是古人的主食之一

　　话再说回来，所谓的野菜之所以能"野"到现在，必定是有着这样或是那样的不合适。在民康物阜的年代里，人们只是尝鲜，浅尝辄止后再也无人会高看它；若是遇上了饥荒年，野菜就是用来充饥的，吃多了，不但不会有人念它好，说不定还会有人不停地骂它"闹得胃里直冒酸水"。当然，也许有些植物因人工驯化不容易，至今仍是养在深闺人未识，这一类野菜的"野"性就有点靠不住了，总有一天也会像荠菜、蒌蒿、马兰头那样从沟边石缝中走入农家的菜园子，甚至可能还会进入蔬菜大棚中，靠着化肥滋养最终成为人们的盘中餐。

佳而美：水八仙的做法

2012年秋，台湾汉声出版社想组一套以苏州特产"水八仙"为主打的书稿，王稼句先生让我热情接待。说实在，这份差使有点麻烦。汉声组稿的严谨，素有耳闻。来访的刘镇豪先生那几年在苏州组一本关于大闸蟹的稿子，恨不得从蟹卵孵出起，一直到大卸八块进入老饕之腹，天天

以水八仙为主要食材
做成的水八仙宴

都能有"立此存照"。据刘先生介绍，为了这本介绍蟹的书，三年里他已经来回苏州十多次了。这般严谨，岂是我这号懒散了大半世的人所能受得了的，允了治几味以水八仙为主材的家常小菜，让刘先生在我这陋室中与水中八仙会上一面。那天请来当指导的是李兴盛大厨，退休前是苏城名店"得月楼"里的厨师长。

水八仙，顾名思义，应有八味，鸡头米、慈姑、茭白、荸荠、莲藕、莼菜、红菱、水芹即是。钱泳在《履园丛话》中曾有感慨："三吴圩田，亦在皆有。农民习懒性成，唯知种苗禾，种豆麦蔬菜而已，其有水者则弃之，何也？余以为水深三四尺者，种菱芡，一二尺者种芰荷，水不成尺则种茭白、慈姑、荸荠、芹菜之属，人能加之以勤俭，虽陂湖亦田也。"

水芹

元末明初的苏州诗人高启曾作过一首《芹》诗："饭煮忆青泥，羹炊思碧涧；无路献君门，对案空三叹。"诗中的"碧涧"就是一道用水芹做成的菜羹。据林洪的《山家清供》所记："芹，楚菜也，又名水英。有二种，荻芹取根，赤芹取叶与茎，俱可食。二月三月作羹时采之，洗净，入汤焯过，取出，以苦酒研芝麻，入盐少许，与茴香渍之，可作菹。惟瀹而羹之者，既清而馨，犹碧涧然。故杜甫有'青芹碧涧羹'之句。"可见，水芹食用的最佳时节为初春的二三月份，也算是汉声不赶巧，八九月份虽然也有水芹卖，但品质却是要差许多，如果仍然仿做一道"碧涧羹"，那么"既清而馨，犹碧涧然"的效果绝对出不来。因此李大厨提议，还不如照着林洪"菹"的法子做一道"白玉核桃肉"。"菹"在《新华字典》中的释义即为"切碎"，而李大厨说的"白玉"，其实就是去叶去根后的水芹梗。水芹梗洗净后先在水中焯去土腥气，然后切成碎丁用盐腌一下，

凉拌水芹

挤去水分后放入在油锅里炒熟炒香；山核桃肉，加糖、放油后凉拌，装碗扣盆，一山一水，白黄相间，由不得一入口即生出山水之气的感觉。由于不懂用量，水芹买得太多了，所以李大厨又做了一道典型的苏州家常菜"香干炒水芹"。

莼菜

"水八仙"中，若论身价，莼菜无疑排位最高。《世说新语》中"有千里莼羹，但未下盐豉耳"的典故就出于晋代东吴人氏陆机之口。明末清初的文人李渔对莼菜也是情有独钟，他在《闲情偶寄》中说道："陆之蕈，水之莼，皆清虚妙物也。予尝以二物作羹，和以蟹之黄、鱼之肪，名曰'四美羹'。座客食而甘之，曰：'今而后，无下箸处矣！'"据载，同治十五年（1835）春五月，曾国藩巡视太湖防务，游览天平山、灵岩山后，在木渎品尝了莼菜，即刻大赞其为"此江东第一美品，不可不一尝风味也"。

凉拌莼菜

　　莼菜最佳食用季节应该是春天。"莼鲈之思"是《晋书·张翰传》中的一个典故，说张翰在洛阳做官，"见秋风起，因思吴中菰菜、莼羹、鲈鱼脍"，于是便命驾而归，因此后人也就有了"昔年张翰此归休，鲈脍莼羹八月秋"（《百城烟水·卷四》）的咏叹。其实，这个典故要处在于"退归避隐"而不在于咏叹秋天的莼菜。对此，民国文人范烟桥《茶烟歇》一书中就有解读："二月莼初生，三月多嫩蕊，秋日虽亦有之，顾不及春莼之鲜美，故因秋风而动念，不过季鹰之托词耳。"

　　莼菜做羹最佳，其次做汤。这是因为莼菜本色无味，必须借助别物的鲜美才能凸显出莼菜所具的"凝脂柔滑，丝丝缠绵"特质的缘故。《清稗类钞》中有一详细介绍："莼菜调羹（佐以火腿丝、鸡丝、笋蕈丝、小肉圆），鲈鱼作脍（佐以鲜笋），吴中风味，自昔艳传。制法与普通之调羹作脍，无大区别。如能两美合一，尤佳。法将鲈鱼蒸熟，去骨存肉，摘莼菜之嫩者煮汤，益以鲈肉，辅以笋屑，和以上好酱油，厥味之佳，不可言喻。"火腿丝、鸡丝、笋丝、蕈丝、猪肉丸、鲈鱼丝，这么多的配料伺候着，即使放一把青菜萝卜丝，出来的味道也差不到哪里去，但若真要按照

采收莼菜

此法制作成菜，过程却着实麻烦。

有人建议李大厨，与其这么麻烦，还不如就照着现今饭店中最为常见的法子，用上好的鸡汤做一道"莼菜银鱼羹"来得实在，或者是按照贾宝玉说的"玉粒金波噎满喉"（《红楼梦》二十八回）那般，做一道"莼菜鱼圆汤"。但李大厨认为，时已深秋，莼菜的清香、色泽都显不足，而且秋莼少黏液，滑腻感也缺，柄、茎、叶都不嫩了，无论是做汤还是做羹都难出彩，倒不如干脆做一道"芙蓉鸡片"，就用莼菜做围边。装盘后嫩黄的鸡片做芯，墨绿色的莼菜围边，雪白的芙蓉（蛋清打成泡状）夹在中间，这样照片拍出来好看，吃起来也显别具一格。料理时，李大师还特意配制一味高汤，上桌后自然是喝彩声一片。

莲藕

相比莲藕，莲更能引发出"荷塘月色"的遐思。尤其是在宋代词人周敦颐写下了"莲，花之君子者也"的名句后，莲更成了无数文人墨客的所好，苏州作家周瘦鹃生前居所爱莲堂的梅树下有莲塘，年年都有莲花盛开。他受一位品茶专家的启发，把碧螺春包成小包，置于荷花中染上荷香，名曰"莲香碧螺春"。而莲的"香远益清"也被引入了许多苏州名肴佳馔，其中当推"荷叶粉蒸肉"和"常熟叫花鸡"为最。

"荷叶粉蒸肉"为夏令名菜。徐珂的《清稗类钞》中有记："荷叶粉蒸肉者，以五花净猪肉浸于极美之酱油及黄酒中，半日取出，拌以松仁末、炒米粉等料，以新荷叶包之，上笼蒸熟。食时去叶，入口则荷香沁齿，别有风味。盖猪肉之油，各料之味，为叶所包，不泄，而新荷叶之清香，被蒸入内，以故其味之厚，气之芳，为饕餮者流所啧啧不置者也。"这道菜的"粉"颇见功力，先将粳米、糯米、八角、桂皮一同放入锅中炒

莲能入馔，藕更能成菜。苏州人对于用莲藕做菜一事颇有心得

至金黄，再打磨成粉，要点在于粉粒粗细要均匀，否则，吃起来的口感，会生出苏州人所说的"烂糟糟"的感觉。在《红楼梦》第三十五回中有一道"莲叶羹"，说是宝玉挨打之后，想吃东西："（宝玉笑道）……倒是那一回那小荷叶儿、小莲蓬儿汤还好些。"宝玉说的"汤"即"莲叶羹"，系将调好的面放在银模子中印出花样来，"借点新荷叶的清香，全仗着好汤"烧煮而成。银模子"有一尺多长，一寸见方。上面凿有豆子大小，也有菊花的，也有梅花的，也有莲蓬的，也有菱角的，共有三四十样，打的十分精巧"。

　　新鲜荷叶固然是好，但干荷叶也有妙用，闻名遐迩的"常熟叫花鸡"就是范例之一。鲁迅先生生前就特别好这一口，几乎到了逢吃必点的地步。1933年10月23日，他在请日本人吃饭时，特意向客人介绍了"叫花鸡"的来历和做法。据他说，"叫花鸡"选用的是三斤重左右的母鸡为原料，腹中藏有虾仁、火腿等辅料，鸡身用网油包住，外裹荷叶，再用酒瓮泥涂抹，然后上火烧烤三四小时。食用时敲掉泥块，整鸡上桌，色泽金黄，荷香四溢，举箸入口，肉质酥嫩，味鲜异常。

以前老苏州还常做一道"荷叶八宝饭"，有点类似于粽子。粳米、虾米、熟香肠、香菇、笋肉、熟咸肉、熟猪油等拌匀后，荷叶裹成扁平四方形的包，上笼隔水蒸熟。食时剥出，香气诱人，其香其鲜，远胜于用箬叶裹的粽子。

莲能入馔，藕更能成菜。早在唐朝时期，出产于城南石湖的"伤荷藕"就已经被白居易列入朝奉贡品的榜单了。藕能生吃，也能熟食，至于哪种做法更好吃，这就见仁见智了。比如，苏州文人叶圣陶就比较爱吃生藕，因为他喜欢这样的感觉："同朋友喝酒，嚼着薄片的雪藕，忽然怀念起故乡来了。"生藕的食法很简单，将藕洗净后，切成薄片，平铺在盘中，撒上一层薄薄的绵白糖，稍稍腌制一下，用牙签挑着，放入口中，

慢慢咀嚼，藕的真味，尽显其中，酒后尤其适宜。而同时期的周作人看法却是大相径庭，在《藕的吃法》中，周作人直叙："当作水果吃时，即使是很嫩的花红藕，我也不大佩服，还是熟吃觉得好。其一是藕粥与蒸藕，用糯米煮粥，加入藕去，同时也制成蒸藕了，因为藕有天然的空窍，中间也装好了糯米去，切成片时很是好看。其二是藕脯，实在只是糖煮藕罢了，把藕切为大小适宜的块，同红枣、白果煮熟，加入红糖，这藕与汤都很好吃。"

对于一日三餐来说，半生不熟的做法最为平常，甜中微带辣的"青椒藕丝"，鲜中微带甜酸的"糖醋藕丝"等都是不错的。生藕洗净切成丝，入锅略一翻炒，点上不同的调料，吃起来既有藕的脆爽鲜嫩，更有不同的风情，夏日里品食，尤为适宜。在老苏州家中，藕的吃法还有好多种。比如，"藕粉圆子"就是先将肉茸搓成小肉圆，然后在干藕粉中反复滚几下，让肉圆表层沾满藕粉后入清水煮熟；而"藕夹"则是将嫩藕切成"夹"（一刀断，一刀不断），在中间抹上一层薄肉茸，滚上鸡蛋糊，入油锅中炸至脆硬，"藕夹"外香脆，里爽脆，双脆合璧，独具风情。

为了配合汉声组稿的要求，特地跟着记忆，用外婆当年的老手法试做了一道"葱香藕圆"。先是选藕，必须要选窍小肉厚、外形略呈三角状的三节生老藕。若是外行的，也许会选窍大肉薄圆筒状的老藕。且不说价钱要贵出不少，搓成的藕泥水分太多，成菜的口感反而不好，难免弄出事倍功半的笑话。洗净后，按着藕段在淘米箩上使劲搓，箩底放一容器承接藕汁，搓完后，稍放一会，等藕粉沉淀，将多余的水分滗去，加入作料、面粉、生粉、鸡蛋、少量肉酱以及香菇粒一起调成酱状，作料的配制可随意，但小葱却是不能不放，不仅要放，而且要足够。加了肉的藕圆在蛋糊中一沾，急速地放入油锅一炸，趁热吃，色泽金黄，葱香藕鲜，色香味俱全。

鸡头米很难入菜，但做成甜品十分受欢迎

鸡头米

"水八仙"中，最难入菜的要算是鸡头米了。虽然苏州出产的"南塘鸡头"素有"芡中状元，八仙之首"之称，可它却偏偏最不合我意。主要还是嫌吃起来麻烦。鸡头米的外形色泽都和石榴有些相似，外面都有一层厚厚的外壳，区别在于石榴是先吃后吐核，而鸡头米却是还要剥去一层比石榴核还坚硬许多的硬壳才能看到能吃的东西。以前家中喜欢此道的也有，一到时令，总要买一些，先剥去外层的厚皮，然后将一粒粒仍似坚果的鸡头米养在水里，谁想吃，自己动手，戴上铜指套剥上十几二十粒，热水里一烫，然后倒在冰镇过的糖水里，算是消暑的点心。虽说一进时令，菜市场也有卖剥好了的鸡头米，可是等到回家再吃，鸡头米的清隽之气已然大打折扣。至于现今有些冷库里冰冻了大半年的鸡头米，其滋味则又打折扣了。

　　为了能使鸡头米更好地呈现"八仙之首"的地位，我绞尽了脑汁，最后想出个好主意：把它和茭白、荸荠、红菱、鸡蛋白配在一起做了一个沙拉，也算好看又好吃了。

慈姑 茭白

　　慈姑性随和，配菜最易，但不喜欢吃慈姑的却是大有人在。汪曾祺

慈姑全株

先生就撰文说过对慈姑"没好感"，直到五六十岁后，一次在沈从文先
生家吃到了沈先生的太太、苏州才女张兆和先生亲手做的一道"慈姑炒
肉片"，才彻底改变了对慈姑的偏见而生出了感情，以至于："我见到，
必要买一点回来加肉炒了。家里人都不怎么爱吃。所有的慈姑，都由我一
个人'包圆儿'了。"

茭白，据明人莫旦所言，他家乡石湖出产的"吕公茭"品质最好：
"茭白，即张翰所思菰也。叶中生薹如小孩臂，故又名茭芋，他产者八九
月方有，惟出石湖荷花荡者，夏初便可食，谓之吕公茭。俗传吕洞宾过此
所遗者，中有黑点斑纹，味甘嫩，可生啖。杂鱼、肉中煮之如食笋，他处
亦不能传其种，盖地土所宜也。"（《石湖志·土物》）其实，苏州各处的
茭白品质都不错，清乾隆年的金友理也说他家乡东山的茭白好："菰出
东山茭田，中心生台如小儿臂，谓之茭白。"（《太湖备考》）《沧浪区志》
则称："茭白又称'葑'，葑门即因该地盛产茭白而得名。"

茭白在苏州是一种常见的蔬菜，一年中应市的时间超过两百天。一年一熟的称为"八月茭"，应市时间在夏天，还有一种是一年两熟的，第一次收获是在当年的秋天，人称"秋茭白"，第二次则是在来年春天，所以俗称为"四月茭"和"五月茭"，秋茭白品质最佳。茭白性虽随和，但存放不易，买回的茭白，即便立刻养在水里，隔一夜也会变老。那天料理茭白，先取下茭白头部最嫩的四分之一，切成"缠刀块"，热水里汆过，放点酱麻油和白糖拌着吃，爽脆鲜甜，且有一股清香；再取四分之一，切成片炒虾；再往下取四分之一切丝，来个"茭白鳝糊"，剩下的老根剁成末，和着鸡蛋一起下油锅。按照茭白的部位老嫩排定"末、丝、片、块"，一点糟蹋（吴语：浪费）也没有。

荸荠 红菱

荸荠南方各地都有栽植，据《清稗类钞》介绍："荸荠为多年生草，水田栽植之，茎高二三尺，管状，色绿，花穗聚于茎端，颇似笔头。地下之块茎形圆，可供食，苏人谓之地栗，两广人谓之马蹄，古名凫茈，又称乌芋。"北至长江，南至台湾、厦门、海南都有出产，但论名气，苏州荸荠当属翘楚，古籍中常见的"南荸荠"，指的就是产自于苏州的荸荠。

历史上，苏州荸荠的种植面积可谓遍及四乡，明人吴宽曾有诗夸苏城东南郊葑门的荸荠好："累累满筐盛，上带葑门土。咀嚼味还佳，地栗何足数。"清人谈迁的《北游录纪程》则描写了苏城西北郊虎丘种植荸荠的景象："甲申，早，同范、沈二生间道趋虎丘。田间植菱芰、慈姑、荸荠，交荫蔚蔚，良苗芄芄，惟雨是渴。"但最为北京人所珍爱的却是出自苏州城东北的"车坊荸荠"。车坊荸荠的特点是颜色红嫩，水分足，甜度高，少淀粉，少渣滓，历来都被北京人视为珍品。一度曾有"荸荠，京师凡公宴，加笾中，必有此品"的风光，身价高至论个卖，一枚荸荠就要二三文钱，闹出了"天津鸭儿梨不敌苏州大荸荠"的笑话。

严格点说，荸荠和红菱只能算是"果"，而不能算"蔬"。在数千种苏式菜肴中，以荸荠或红菱为主材的菜品几乎一道也没有，而且就口感来说，生吃的口感要比熟吃好许多。周作人先生就这么认为："荸荠自然最好是生吃，嫩的皮色黑中带红，漆器中有一种名叫荸荠红的颜色，正比得恰好。这种荸荠吃起来顶好，说它怎么甜并不见得，但自有特殊的质朴新鲜的味道，与浓厚的珍果正是别一路的。"荸荠熟吃，不外乎这两种：一种是当药吃，把荸荠放在水里煮熟后加糖加蜂蜜，据说小孩吃了清火化痰。第二种则是大年三十晚把荸荠放在饭里一起烧，据说吃了这个荸荠，明年家中人丁仍然能"必齐"。说实话，烧熟了的荸荠真的不好吃，不过甜汤荸荠水还是蛮好喝的，有甜有鲜，还有一股特殊的香味。

蜜汁红菱

　　红菱入菜也很少，而且容易和荸荠重复，那日已近深秋，买来的红菱都是进过冷库的，只能勉强和牛蛙凑在一起，做了个"红菱炒牛蛙"，又做了"荸荠炒虾仁"和"荸荠鳜鱼片"，也算是应了"水八仙"的景。

　　用"水八仙"做的这一席，一共二十一道菜式。冷盘八道，开洋毛豆、茭白丁、蜜汁藕片、拌茭白块、油氽慈姑片、糯米塞藕、沙拉、水芹核桃；热菜十一道，青椒油面筋藕丝、茭白鳝丝、红菱炒牛蛙、茭片炒虾、茭末焖蛋、大蒜炒慈姑、荸荠鱼片、香干水芹、藕夹、荸荠炒虾仁、芙蓉莼菜鸡片；大菜两道，慈姑烧肉和藕圆，以及点心两道，慈姑饼和藕脯。

　　勉强也算成席，汉声的朋友似乎还满意，拍了不少照片，还说走遍江南都没见过这样的席面。其实，一桌所谓的"水八仙"席面无非是将平时饭桌上的小菜硬凑在一起罢了。

肆

吃时令

　　水乡苏州,不仅拥有着广达三分之二的太湖水面以及无数纵横交错的河流,星罗棋布的塘、荡、湖,同时还拥有长达一百三十多公里的长江岸线。这种举世罕见的水网地貌,给苏州人餐桌带来了源源不断的江鲜、河鲜、湖鲜:刀鱼、河豚、鲥鱼、"太湖三白"、塘鳢鱼……乃至小而有味的螺蛳,都在人们的记忆中留下了无数美妙滋味。

河
边
洗
鱼

江上鲜: 水乡人对水珍的爱

水乡苏州，不仅拥有着广达三分之二的太湖水面以及无数纵横交错的河、荡、湖、塘，同时还拥有长达一百三十多公里的长江岸线。这种举世罕见的水网地貌，不仅给苏州人的餐桌带来了源源不断的河鲜、湖鲜，而且还在苏州人的记忆中留下了无数美味江鲜的记忆。

刀鱼

每年开春，位于长江入海口的太仓市，无疑是本地老饕们最为神往的去处，因为有着"开春第一鲜美之肴"美誉的长江刀鱼就出自这里。每

年一到刀鱼开捕的时节，太仓市各地的许多饭店都会举办以刀鱼为主题的美食活动，太仓的"刀鱼节"已然成了当地一个传统活动。

刀鱼又叫鲚鱼，学名刀鲚，通体银白，晶莹剔透，因其体型狭长侧薄，酷似一把薄刃尖刀而得名。长江刀鱼喜在幽暗处游动，多在夜间觅食，只吃小鱼小虾等活饵。随着长江生态环境的变化，生态链也受到了很大的破坏，而且由于刀鱼的繁殖相当不易，所以近二十年里，刀鱼已经几乎到了绝种的程度，价格自然也就扶摇直上了，每五百克卖到了八九千元。有时候也能在饭店、菜市场里吃到或买到便宜的刀鱼，但大多是湖刀、河刀、海刀甚至是非洲引进的"飞刀"，所喂饵料也大多是复合饲料。从外形上看，似有几分相像，但鲜美度却是差出了十万八千里，至于"肉嫩细滑，腴而不腻"的口感，那就更是无从说起了。所以，选购刀鱼一定要注意，正宗的长江刀鱼全身呈亮银色，臀鳍和尾鳍连在一起，胸鳍有五条须，眼小鳞薄，而其他的刀鱼无论色泽、鳞片还是鳍尾都和江

刀有所不同，毕竟正宗的长江刀鱼如今每五百克卖到了八九千元，难免会有一些无良商家经受不住诱惑，以假充真来赚昧心钱。

在二十世纪八十年代以前，刀鱼还不算是稀罕物，每年的春、夏、秋三季，菜市场上都有卖。而最佳的时段却只有清明前后的十多天，过了清明，刀鱼鱼骨就会发硬，肉质枯老，身价自然也就掉了下来。刀鱼的吃法有许多种，苏州人家中常吃的有煎、煨、蒸，上饭店吃还有干煎、糖醋、白烧以及菜心刀鱼等。就我家中而言，吃得最多的是清蒸刀鱼，而最好吃的还数外婆做的煨刀鱼。刀鱼去鳞去肠后放入火腿汤、鸡汤、笋汤一起煨，吃的时候，一手提起刀鱼尾，另一手用筷子夹住鱼身顺势往下捋，

刀鱼

细白粉嫩的刀鱼肉便纷纷落入碗里，入口细抿，香鲜盈口，回味无穷。另外，刀鱼红烧也很好吃，不过通常是在刀鱼将要过时、鱼刺开始发硬时才会这么做。烧一盘需刀鱼四五条，买回的刀鱼不开膛，取出鱼鳃后用筷子将鱼肚子里的杂物搅出来，洗净，沥干，下锅略煎一下，喷酒放葱姜去腥，加虾子酱油和水一起煮一会儿，出锅前搁些冰糖屑。鱼肉细腻鲜嫩，大人满意；鱼卤无刺，味却更鲜，咸中有甜，用来拌饭，小孩最喜。还有一种是清人钱泳在《履园丛话》中介绍的吃法，很为许多饕客所推崇："刀鱼本名鮆，开春第一鲜美之肴，而腹中肠尤为美味，不可去之，此为善食刀鱼者。或以肠为秽污之物，辄弃去，余则曰：'是未读《说文》者也。'"理由是刀鱼食饵洁净，且多饮水，所以内脏秽物从何来耶？钱泳的说辞是否有道理，刀鱼便宜的时候无暇尝试。如今倒是有闲了，可面对这咋舌的价格，再试的勇气自也荡然无存了。

除了各式精美的刀鱼菜肴外，给人留下很深印象的是"刀鱼面"和"刀鱼馄饨"这两道点心。

刀鱼面的特色在于汤。将刀鱼去鳞、腮，掏出肠洗净，沥干后切成块，入热锅用熟猪油慢火炒干成鱼松状，取出后装入布袋扎紧口，仍投入锅中，加入鸡肉、猪骨等配料，旺火烧开改小火，让鱼肉逐渐溶化于汤汁中，等到汤汁稠浓，色呈奶白时，取出骨刺包，再加作料调出刀鱼面汤，清水下面，洗去碱气，投入到刀鱼汁中略滚几下，一碗鲜美无比、浓郁而不粘黏的刀鱼面便算大功告成了。刀鱼面以前家中常做，一是那会儿的刀鱼价钱不贵，熬制刀鱼汁也不用担心骨老肉枯而必须去赶时令，选购一斤三四条的刀鱼就很不错了，时价也不过六七毛钱，比吃鲫鱼、鳊鱼等还便宜；二是熬汤去骨后，家中的老人小孩都不会生出骨刺鲠喉的危险。只是做起来有点麻烦，若是家中没有专管厨事的外婆、阿姨们，也不见得能够经常做。

"刀鱼馄饨"的做法有一种是把刀鱼制成鱼茸拌入馅料中，另有一种是把鱼茸拌入面粉中制成馄饨皮，这两种办法裹成的馄饨味道都不错。其味之美自不用赘述，有趣的是脱骨去肉的过程。制取鱼茸的办法也有两种，平常的方法是先将刀鱼排放在砧板上，用菜刀背剁烂鱼肉，然后剔净鱼刺，这种办法，不但鱼刺不容易剔干净，而且鱼肉粘来粘去很浪费。所以，真正的行家是将刀鱼洗净后一条条地钉在木质锅盖上，大铁锅里放半锅水，置一空蒸笼，蒸笼里面垫上纱布，然后盖起锅盖拼命烧火。水烧开后，腾腾水汽将刀鱼蒸熟、蒸透，熟透后的刀鱼肉便"噼噼啪啪"落在蒸笼里，锅盖上只剩下一架架完整的刀鱼骨头。这样不但鱼肉干净，鱼骨再放入蒸锅中煲成汤，全然没有一点点浪费。

在《调鼎集》中，还有一道"无刺"刀鱼，堪称古代厨师的杰作。做时，先用快刀将鱼肉刮下，用稀麻布包裹、挤压，镊去其刺。如此就可得到纯鱼茸了。然后再将鱼茸放在"鱼模子"之中，压成鱼形，再"安头、尾"，用鸡蛋清裹起来烧。这一道菜，形似刀鱼，实则一根刺也没有，入口而化。

令人遗憾的是，要想有幸一尝，无疑就是苏州俗语中所说的"鼻头上挂鲞鱼——想呀勠想"了！

河豚

紧接着刀鱼而来的是河豚，这是一味堪称鱼鲜之首的尤物。成年河豚一条尺把长，二三斤重，无鳞，皮肤毛糙似彩色砂纸，锐尾膨腹，体似圆筒，状如蝌蚪，黑背白腹，裹以黄纹，口目开合，不时发出"咕咕"之声。有人认为它"集刀鱼、鲥鱼之优于一身，而无刀鱼、鲥鱼之芒刺，其味堪称美中之极"。苏东坡也曾有云："据其味，值得一死！"民间也有

红烧河豚

"拼死吃河豚"的俗语，可见河豚的美味绝非别物能比。

河豚最佳的捕捞区段位于苏州的沙洲（现名张家港）和无锡的江阴一带，历代文人吟咏河豚之美的诗赋中很多都提到这两个地方，然而传世最早关于河豚的故事还是发生在苏州。在两千五百多年前的吴王夫差时期，用河豚做的古吴名肴"西施乳"盛名于世。虽然后世人对"西施乳"颇有微词，如宋代诗人周紫芝就曾指责吴王夫差荒唐至极："更将人乳作蒸豚，可笑此郎风味浅。不知柱下风流张，相君暮年饮乳不。"（《太仓稊米集》）元代文人陶宗仪更是把"西施乳"视为吴国的亡因："（河豚）腹中之腴，曰'西施乳'。夫西施，一美妇耳，岂乳亦异于人耶。顾千载而下,乃使人道之不置如此,则夫差之亡国非偶然矣。"(《辍耕录·卷九》)但是这些责难,更多的是指责君王的无道,无关乎古吴人高超的治厨技艺和河豚的美味。

河豚有毒,但毒尽在血中,吃河豚而不中毒,就凭厨师的手段了。2012年,曾随友人一起去扬中市品尝河豚。饭馆设在长江边,由一条普通的农用水泥船改造而成。印象很深的是,直到晚八点仍然没开席,主人连说对不起,说是附近几家江鲜馆都有客人点了河豚,而当地唯一能做河豚的大厨,正在连轴赶场,故而迟迟未能到来。河豚上席时,大厨现身,打了个招呼,便先行尝食了几口河豚汤汁,以示客人尽可放

心吃，这也是吃河豚的一个传统规矩。吃时，有个小技巧，因河豚的表皮生有微细刺状物，所以吃的时候要先将鱼皮夹开，然后用筷子反卷后蘸上鱼卤，塞入口中，只需轻轻嚼上几口就行，这样才能最大化地领受到河豚肥腴、滑润的味道，否则河豚皮上的小刺会影响口感。吃肉很简单，夹一小块沾着汤汁慢慢品尝就成。也不知道是不是有了先入为主的概念，那天吃下河豚后，就生出了头微晕、舌微麻的感觉。据东家说，这就是厨师的本事了，留微毒方能保真味，也是"拼死吃河豚"的最高境界。

河豚的鲜美确实不同凡响。那年的太仓江鲜美食节上，也上了一道河豚菜。品尝前，主持人介绍说，所用的河豚在养殖过程中已经用科学的办法控毒了，所以尽可大胆品尝。菜式的制法也很独特，鱼皮、鱼肉、鱼白、鱼肝等同置于一大盘中，盘底垫放着应时的金花菜，盘面上淋了一层浓香四溢的河豚汁。整盘菜浓油赤酱，色泽艳丽，同席的苏州市烹饪协会会长华永根先生即席便赞其"鱼肉鲜胜干贝，鱼白肥胜乳酪，鱼肝腴胜鳖裙"。来自上海的著名美食作家沈家禄先生则对盘底的金花菜情有独钟，几近一人担纲，独扫一空，盘中所余鱼汁，也被众食客纷纷舀入碗中，配以米饭拌匀后一扫而空。"河豚过后百无味"，绝非浪得虚名。

苏州木渎的百年老店"石家饭店"，一道"鲃肺汤"闻名遐迩。民国名士李根源寓居苏州时，曾特地为店家题额"鲃肺汤馆"。民国耆老于右任，1929年在石家饭店品尝过这道"鲃肺汤"后，欲罢不能，即席挥毫赋诗赞道："归舟木渎尤堪记，多谢石家鲃肺汤。"鲃鱼，也称"斑鱼"，背青有斑，无鳞，尾不歧，腹有白刺，酷似河豚，虽个头显小，但味美却与河豚在伯仲之间，王鏊在《姑苏志》中把它和河豚归入了一个条目："斑鱼似河豚而小，味亦映。"根据袁枚的体验："斑鱼最嫩，剥皮去秽，分肝、肉二种，以鸡汤煨之，下酒三分、水二分、秋油一分；起锅时加姜汁一大碗，葱数茎，杀去腥气。"

"鮰鱼"一鱼二吃最佳。如今苏城大多数馆子也都如此，不同的是，鮰鱼肝的做法和袁枚所述相近，而鱼肉却多以红烧为主。中秋时分，在苏城中细细寻觅，找一家能做"一鱼两吃"的馆子，看着大厨手执利刃，剥下鱼皮，旋开鱼肉，取出鱼腹中的肺和肝，过下油，滚下汤，略微点上些盐，一道最正宗的"鮰肺汤"就能彻底征服你，而鱼肉鱼皮红烧后，同样也能使人食指大动。切忌去那种只会做"红烧鮰鱼"的馆子，那些大厨多半不懂鮰鱼的鲜美该怎么生出，虽说价钱肯定会便宜不少，但这不该是老饕所为。

鲥鱼

"鲥鱼入市河豚罢，已破江南打麦天。"接下来该到鲥鱼了。小满至芒种这个时段是最佳品食时段。曹雪芹的爷爷曹寅，康熙年间曾掌管过苏州织造署，他写过一首《鲥鱼》诗，诗后自注："鲥初至者名头朦，次名樱桃红。予向充贡使，今停罢十年矣。'头朦'为春鲥，鲥中极品，食者非贵即富；'含桃注颊红'即'樱桃红'，时已初夏，品质稍次，为寻常人家食用的了。"

鲥鱼形秀而扁，似鲂而长，最大的可达十余斤，其鳞耀耀入目。初起水时，色白如银，华丽无比。鲥鱼的特点为一个字：肥。它有鱼的美味，亦有肉的质感，吃到嘴里滑溜细腻，肥腴醇厚，馨香扑鼻，为一般鱼类所不及。鲥鱼银白鲜嫩，苏东坡有诗："芽姜紫醋炙银鱼，雪碗擎来二尺余。尚有桃花春气在，此中风味胜鲈鱼。"和刀鱼、河豚相比，鲥鱼的做法要简单得多，苏州饕客的所爱似乎也就清蒸这一种，饭店里有时也有卖红烧的，但一般都是因鲥鱼不太新鲜了才采用的烧法，所以这样的鲥鱼定价就会便宜许多。记得二十世纪七十年代初期,曾在附近的几家企业中搭伙,每逢汛期,食堂常会有红烧鲥鱼供应,一块巴掌大的鲥鱼肉段,也就五六毛钱,这和馆子里的"清蒸鲥鱼"价钱要差好几倍。不过,也有例外,有着"姑苏名饕"谑称的陈洁先生,很久之前就在江阴渔民家中领受过一次"红烧鲥鱼"。据他说,将刚捕捞上来的鲥鱼留鳞去脏收拾好,置一铁锅于灶上,急火烧至铁锅发红,把鲥鱼放进铁锅中两面煎,加入调料后转小火焖一会,这种方法做出来的红烧鲥鱼外香里嫩,连肉带鳞一起嚼,真叫是"敲耳光也不放筷子"。这种口福实在令人垂涎三尺,只盼今生也能有这可遇而不可求的机会。要知道,那时单江阴一个县,一年的鲥鱼产量就有三四百吨,而如今鲥鱼的产量是论条计算的。前几年曾见报载,江阴一渔民幸运捕捞到一条鲥鱼,结果一上岸就被人以两万元的价格买去了。

捕鱼

鲥鱼之贵在于其鳞之珍，素有"其味美在皮鳞之交，故食不去鳞"之说。这是因为鲥鱼鳞中富含磷脂，遇热即能化成脂膏，渗入鱼肉而生成丰腴的口感和独特的鲜味。也因此，蒸鲥鱼的方法有别于其他鱼种。首先是不能去鳞，其次是不能水洗，剖腹去肠后，只需用洁净纱布轻轻抹擦一下即可，然后在鱼腹内放入冬菇、火腿片、冬笋片等辅料，用网油包上鲥鱼，置于盘中加各种作料，上笼蒸至网油融化，便可出笼上桌。在袁枚的《随园食单》中，有一道"蜜蒸鲥鱼"，制法也相似，只是在调料的配制上稍有不同。关于鲥鱼的美珍，向来是见仁见智。不喜的，恨其"腹下细骨如箭镞，此东坡有'鲥鱼多骨之恨'也"（《夜航船》）。作家张爱玲也曾在《红楼梦魇》中有过感叹："人生三恨：一恨海棠无香，二恨鲥鱼多刺，三恨《红楼梦》未完。"喜欢的，不仅爱其膏腴肉嫩，而且更爱其刺多鲜耐吮，曾在书场中听闻过"一根肋，三两酒"的夸张之词，虽说这是说书先生的艺术加工，但鲥鱼之鲜也确实非同一般。

以前常听人说"来时鲥，去时鲞"，因而一直以为有着洄游特性的鲥鱼，只是在它从大海游向内地淡水湖排卵时为"鲥鱼"，排卵后返回大海时则称为"鲞鱼"。很多年后才明白，其实完全不是这么回事。"鲞"，是工艺，不是鱼种。苏州采芝斋有一款"虾子鲞鱼"，很是有名，它所用的原料是一种名为"鳓"的鱼，虽说也是洄游鱼种，但它只从深海洄游至近海排卵，和借道长江去内地湖泊的鲥鱼完全不是一家人。

由于长江生态的不断变化，许多以前为人所熟悉的"江上鲜"如今都几乎成了绝响，河豚、鲥鱼难觅身影，刀鱼也被纳入了禁捕的行列，目前在餐桌上还能难得一见的江鲜，似乎也就只有多产于长江中游的"长江鲴鱼"这一样了。

双味江鲴鱼

鲴鱼

　　长江鲴鱼，苏州古称"鮠鱼"，扬中一带称"江团"，江阴一带则称
"白鳝"或"来鱼"，而在长江中上游地区则称"肥鮀""肥王""白鲿"
等。它和通常所见的被苏州人称为"回鱼"的草鱼完全不是一回事，身价
要远远高于草鱼。长江鲴鱼的分布较广，长江上、中、下游都有出产，而尤
以苏州太仓浏河口一带的最为鲜美，并且春秋两季均有出产。陆游有句

云："已过燕子穿帘后，又见鮰鱼上市时。"秋季上市的鮰鱼似是更胜春季的，人们称其为"菊花鮰"，肉质更为紧实，也更鲜美肥嫩。

汉唐之际，鮰鱼就已经是餐桌上的珍品了。长江鮰鱼，色呈粉红，体型丰硕，宋人龚明之的《中吴纪闻》中有记："鮠鱼出吴中，其状似鲇。隋大业中，吴郡尝献海鮠鱼干脍四缶，遂以分赐达官。皮日休诗云：'因逢二老如相问，正滞江南为鮠鱼。'"鮠鱼之珍在于肉，肉质鲜美堪比河豚，少骨无刺更胜大黄鱼。苏东坡曾写过一首《戏作鮰鱼一绝》，盛赞其为："粉红石首仍无骨，雪白河豚不药人。"也许是因为保鲜不易，鮰鱼在苏州的影响远不如河豚、鲥鱼和刀鱼，亮相于苏州人的餐桌也是近年来的事，听说是长江鮰鱼的人工养殖获得了普及的缘故。鮰鱼常见做法是清蒸，口感稍显肥腴，接近于河鳗。另有"糟香鮰鱼肚"。鮰鱼肚本是高档食材，营养丰富，配以自清代乾隆年间就声名远播的"太仓糟油"一同烹制，肚片软糯微韧，糟香扑鼻，堪称珠联璧合。还有一道"肉松白鲦圆"，菜名中的"白鲦"即鮰鱼在太仓的别称。将鮰鱼制成鱼茸后掺入同样著称于世的"太仓肉松"，搅匀上劲后制成"狮子头"，吃起来口感软嫩，而且还有肉松的香味，和"糟香鮰鱼肚"真有异曲同工之妙。

与"清蒸鮰鱼"相比，苏州画家李戴蟾家做的"红烧鮰鱼"似乎更为适口。大致做法和平常的红烧鱼块差不多，鮰鱼切成块状后放入锅中煎透煎香，然后加入葱、姜、酱油、白糖、精盐等作料，大滚几下后转小火煨至烂熟，然后收汁，淋上猪油明芡后装盘。也许是煎过的缘故，鮰鱼吃起来就觉得不太肥腻，尤其是鱼背肉，既嫩又香，十分爽口。

不禁想起了北京作家赵珩先生的一段话："'长江三鲜'已经成为历史名词，或曰名存而实亡。但是为了维护这一品牌，许多人还在做着不懈的努力和追求，他们的敬业，他们的执着，令人感动。"

湖有珍：太湖三白

　　"太湖三白"一直都是饕客们对白鱼、白虾、银鱼这三样太湖鱼珍的赞誉之词。

白鱼

　　白鱼，众所周知，江南鱼珍之一。明代万历年间的顾起元（号遁园居士）的《鱼品》中有记："江东，鱼国也，为人所珍，自鲥鱼、刀鲦、河豚外，有白鱼，身窄而长，鳞细肉白，甚美而不韧。"在民间传说中，白鱼作为珍馔可追溯至吴越春秋时期。在著名的"专诸刺僚"故事中，刺客专

诸用来藏匿鱼肠剑的就是一条绝品太湖白鱼。到了隋代，白鱼不但成了贡品，连白鱼子也成了皇命督办的进贡之物："大业中，吴郡送太湖白鱼种子，敕苑内海中。"捕捞白鱼子的方法大致如下：先在沿湖处放上许多草把，引来无数小鱼聚生于此，到夏至前的三五日，成熟的白鱼就会在晚上产卵生子，鱼子缀在草上，渔民用网罟把白鱼抓走，再"刈取菰蒋草有鱼子者，曝干为把，运送东都，至唐时东都犹有白鱼"（《吴郡图经续记》）。由此可见，白鱼北上，始于姑苏。唐代时太湖白鱼也是宫中珍稀。曾当过唐玄宗"三卫"近侍、时任苏州刺史的韦应物不但没少给唐玄宗送太湖白鱼，而且还在《横塘行》一诗中吟道："妾家住横塘，夫婿郁家郎。玉盘的历双白鱼，宝簟玲珑透象床……"唐玄宗也喜欢这白鱼，曾多次将白鱼赐给高力士等人。到了宋代，太湖白鱼的名声更大了。范成大的《吴郡志》中说白鱼"出太湖为胜"；叶梦得的《避暑录话》亦称"太湖白鱼实冠天下也"。清代康熙皇帝对白鱼也是情有独钟。据清康熙年间的江苏巡抚宋荦所记：康熙三十四年（1695）南巡时，于七月十五日午后，康熙与随从一路泛舟游览苏州水景，行途遇见渔人网得白鱼，便立刻命令奚奴买之，随即便坐船头煮鱼小饮。太湖白鱼也随即被纳入了岁贡的清单。

清蒸白鱼头

　　白鱼俗称"白鲦"。苏州的"鲞鲦钓白鱼"是一句经典老话，常常用来形容以小博大，事半功倍。鲞鲦也是太湖野生鱼种之一，时下在太湖地区农家乐中常有供应的"油氽杂鱼"大多都是用鲞鲦做成。鲞鲦鱼和白鱼外形也十分相似，首尾翘起，体长狭扁，银鳞闪烁，鱼嘴高凸，酷似钢刀利刃，只是体型相差甚远，两者最大的不同在于鲞鲦鱼长不大，最长的也只有三寸左右，远不如白鱼那样通常的就有一二尺，更大的则有四五尺之长。鲞鲦、白鱼同为太湖水系中的上层鱼类，白鱼天性喜活食，鲞鲦向来是首选，所以渔家们钓捕白鱼时，常常就拿鲞鲦来当诱饵，"鲞鲦钓白鱼"也升华成了为人处世之道。

　　白鱼有清蒸、红烧、腌渍、熏烤、香糟煎等多种做法，但最为常见的还是清蒸，所有的白鱼菜肴中，鼎鼎大名的就属"清蒸莳里白"。清人叶承桂的《太湖竹枝词》有云："出网乱跳时里白，芦芽蕨笋共登盘。"诗词优美，动感十足，但诗中的"时里白"似乎称为"莳里白"更具意境。理由在于品尝白鱼最佳的时节正是在梅雨之后，水稻莳秧时分；二则是白鱼肉质肥腴，有几分鲥鱼韵味，套用一个"鲥"谐音也合情理。白鱼清蒸的方式和其他鱼种略有不同：一是要蒸得透，这是因为白鱼的鱼皮有些类似鲥鱼，含有大量的鱼脂，蒸上足够的时间才能使鱼皮中的鱼脂化成汁水渗入鱼肉，才能吃出肥腴鲜嫩的感觉；二是蒸前一定要做好处理，一般的做法是将白鱼活杀洗净后，在鱼背鱼腹处都抹上重盐，放置两三个小时，用清水漂净再上蒸笼。否则咸味不到，白鱼的鲜味必定会大打折扣。

清蒸白鱼的配料也很有讲究，与香糟可谓绝配，袁枚的《随园食单》中就有记："白鱼肉最细，用糟鲥鱼同蒸之，最佳。或冬日微腌，加酒酿糟二日，亦佳。余在江中得网起活者，用酒蒸食，美不可言。糟之最佳，不可太久，久则肉木矣。"至于在清蒸白鱼时，配以虾子、火腿等鲜物也都是常法。总之，"太湖白鱼实冠天下也"，断然离不开"咸鲜"这二字。对于口感偏淡的人，拿白鱼做鱼圆是个不错的选择。《随园食单》有一节介绍鱼圆的做法："用白鱼、青鱼活者，剖半钉板上，用刀刮下肉，留刺在板上；将肉斩化，用豆粉、猪油拌，将手搅之；放微微盐水，不用清酱，加葱、姜汁作团，成后，放滚水中煮熟撩起，冷水养之，临吃入鸡汤、紫菜滚。"笔者曾按图索骥体验过这道菜，颇有心得。一是取肉简单，白鱼身薄，用刀背拍剁后，骨肉便已见分离，而且白鱼鱼骨多为直刺，少有倒刺，剔骨取肉要比其他鱼方便很多。第二则是白鱼肉质紧实，做成鱼圆后既糯又弹，肥腴爽滑。若是用莼菜替代袁枚的紫菜，味道更是美妙无比，冠以"丝绸般的感觉"也丝毫不为过。

白虾

与太湖白鱼齐名的是太湖白虾，学名"太湖秀丽长臂虾"，俗名有趣，一为"水晶虾"，一为"白泥虾"。皆因为太湖白虾生鲜时，晶莹通透，犹似东海水晶，煮熟成菜后，则有些接近瓷土样的白垩色，故而雅时称它为"水晶"，俗时就变成"白泥"了。

白虾壳薄须软，肉质细嫩，清人金友理的《太湖备考》中就有这一说："白虾色白而壳软薄，梅雨后有子有肓更美。"值得一说的是，纯正的太湖白虾寿命非常短，一般都只有一年多一些，绝大部分都会在排卵后死掉，所以数量一向都很有限。据《吴县志》记载，即便在丰产之年，白虾产量也不过二三百吨，加上近几十年来，由于过度捕捞、围湖造田等，白虾的产量更是大幅减少，日渐珍稀。如今市民虽说也能常常在菜市场上买到商家标售的"太湖白虾"，但严格地说，这是养殖在淡水中的海白虾，即便养殖场也在太湖里，但它和"太湖三白"之一的白虾也完全不是一回事，其鲜嫩程度更是相差甚远。

太湖白虾的吃法不同于太湖青虾，几乎没人会拿它来做油爆虾或是酱油虾，即便是盐水虾也很少做。白虾最独特的吃法应该是生吃，其历史至少可追溯至汉代，宋人龚明之的《中吴纪闻》卷五里，有一则苏州人生吃白虾的故事：说是有一位人称"虾子和尚"的高僧，"好食活虾，乞丐于市，得钱即买虾，贮之袖中，且行且食"。有人跟着他，看到"遇水则出哇，群虾皆游跃而去"。可见白虾在苏州生吃确实由来已久。

话虽如此，但真如虾子和尚这样的吃法，在苏州几乎闻所未闻。所谓的生吃，实质上就是现今通常所说的"呛虾"。呛虾的吃法也有两种，一种是选鲜活且只形较大的白虾，剪去虾须，清水洗净，碗内放黄酒、白糖、醋、葱、姜末以及鲜酱油或红乳腐卤，拌匀后倒入盆内，再放入活虾，即用碗盖住，吃时揭开，不但其味鲜美，而且盆中白虾还在活蹦乱跳，故而在东山、西山等地区，这样的呛虾又有着"盆跳""满桌飞"等别称。另一种吃法则是将鲜活的白虾剪除须蜇洗净后，先用洋河大曲之类的上好白酒浸渍呛醉，沥干酒汁后倒入葱姜汁和盐，装盆上席。揭开盆盖时，晶莹洁白的虾儿顿时从酣醉中苏醒，毕毕剥剥地活蹦乱跳起来，令餐席油然生趣。喜食生猛的，专门捡食跳出盆外的虾，觉得酒醉不死定是最为强健的；也有担忧自身肠胃，怕不适应的人，只能端坐静待盆中虾醉透，再慢嚼细品这道美味了。不少人更偏好那种跳出盆的活虾，认为这不但能领受到虾跳舌尖的享受，也更能充分领略白虾本色、本形、本味，以及奇嫩无比的美妙。曾在友人处遇到过一种别具风味的吃法，白虾呛过后，再在芥末、酱油、陈醋配制的调料中蘸食，问其此招何解，回答是年岁日增，胃寒脾虚日渐，稍不留意便有滑肠之虞，可实在又放不下这口吃了几十年的"呛虾"，穷尽脑汁，才想出了这招仿效日本刺身的吃法来解馋。虽说味道上打了折扣，但也算是聊胜于无吧，况且现在太湖的水质大不如前了，多几道强刺激的处理，从饮食卫生的角度来说，也算是一个理由吧。

白虾干也是受人欢迎的太湖特产。由于白虾出水后很难存活，当地的渔民常常会将新鲜的白虾放在盐水里焯熟后晒成干，走亲访友时当作伴手礼。白虾干不但味道鲜美，而且绝少腥味，若是当作零食小吃，可以连壳一起吃，鲜中带咸，回味久远，常能使人欲罢不能。若是用来做菜，那又是另有一功，虾干炖蛋、虾干冬瓜汤等一直都是很受苏州人喜爱的家常菜。白虾干去壳制成的虾米就是著名的太湖"湖米"。"湖米"的鲜味要优于海虾制成的"海米"，只是售价有些贵，而且随着正宗太湖白虾数量的不断下降，传统风味的"湖米"也逐渐成了稀罕物。

银鱼

在"太湖三白"中，关乎银鱼的传说最久远，往上可追溯至吴越春秋时期。在《尔雅翼》中，银鱼又被称为"王余"，即"吴王所余"之意。在张华的《博物志》中有记:"吴王江行,食鲙有余,弃于中流,化为鱼。今鱼中有名吴王鲙余者,长数寸,大者如箸,犹有鲙形。"在姑苏才女薛兰英、薛蕙英的《苏台竹枝词》中,也有一记:"洞庭金柑三寸黄,笠泽银鱼一尺长。东南佳味人知少,玉食无由进上方。"用"如箸""尺长"这样的词语描述银鱼,不但彻底颠覆了笔者自幼就建立的对银鱼的认知:"长二寸余,体长略圆,形如玉簪,似无骨无肠,细嫩透明,色泽似银,故称银鱼。"也引起了不少前人的疑问。在民国年间成书的《吴中食谱》中,作者即有一问:"笠泽银鱼,以平望世德桥下产者为佳,腴润无骨,有金丝围眼,俗呼'金眼眶银鱼',顾长者不及寸,何言一尺长,殊不可解。"

这个疑问,直到十多年前,在一家名为"太湖人家"的饭店里吃了一道"面拖银鱼"后才算解开。原来太湖银鱼其实是四兄弟,分别叫作大银鱼、雷氏银鱼、太湖短吻银鱼和寡齿短吻银鱼。"面拖银鱼"所用的就是大银鱼,坊间又俗称为"发财鱼",体型和《博物志》中的叙述极为相似。通体无骨,肉质细腻,洗净沥干裹上鸡蛋糊,入油锅一炸,外脆里嫩,蛋香肉鲜,鱼鲜骨软,堪称尤物。不知是不是大银鱼出产有限的缘故,这道美味的知名度远不如通常所见的小银鱼。

小银鱼,学名为"太湖短吻银鱼",自古和鲈鱼一起被视作春秋两季的鱼珍翘楚,宋时就有"春后银鱼霜下鲈"的名句。清康熙年间,银鱼被列为贡品,这一说有可能出自于清钱泳《履园丛话》中的一段记载:"初二日传旨,明日欲往洞庭东山。初三日早出胥口,行十余里,渔人献馈鱼银鱼两筐,乃命渔人撒网,又亲自下网获大鲤二尾。上色喜。"太湖银鱼虽为奇珍,但产量却并不少,每年的捕捞量都在万吨上下,除了少量的出口海外,其余几乎都成了苏州人餐桌上的美味。

袁枚在《随园食单》中给出了银鱼的三种吃法:汤食、烹炒以及银鱼干泡发后酱炒。汤食最为常见,袁枚给出的做法是:"银鱼起水时,名冰鲜。加鸡汤、火腿汤煨之。"然而苏州人似乎并不太认同，在《吴中食谱》中，作者给出了不同的意见："以银鱼入沸汤，略加笋片、南腿片，一沸即出釜，味清而腴，果胜炒蛋十倍。惟清明后，鱼骨即硬，味亦逊。孙展云世叔乃以鸡汤瀹之，味之美仍在鸡，鱼不与焉。""银鱼以清腴胜，乃以鸡味之浓厚加之，鱼失其味。"在苏式菜肴中，一道"莼菜银鱼羹"堪称经典。喜清淡者，可先清水起锅，将配料中的正当时令的春笋切成极细的丝，待水沸后倒入，煮出鲜味，再将银鱼倒入，待沸，再入新鲜莼菜，稍滚后，入蛋清沸出絮丝，淋上麻油即成。口重者，也可在清汤中放入些许切得极细的火腿丝和干贝丝，清淡或稍逊，但鲜美滑嫩仍可完美保持，似比鸡汤打底更为出彩。需要注意的是，这道菜最好用搪瓷锅或砂锅，若用铁锅，时间一长容易氧化而使汤色发暗。

　　银鱼炒蛋也是一道时令名菜，做法简单，味道鲜美，尤宜家常烹制。求简的，可先将银鱼洗净沥水，葱姜炝锅后，放入银鱼稍稍煸炒，去掉些腥气，捞出后放入打匀的蛋液中搅拌均匀，再用旺火起油锅，油热后倒入银鱼蛋液，翻炒至熟即可。若要调整一下口感，使其软糯中略带一些生脆，可放入些茭白丝或是茭白末，成菜的效果也很不错。另一种做法做出的银鱼炒蛋风味也很独特，只是做起来稍显麻烦。选料为银鱼、鸡蛋和豌豆苗。先将银鱼洗净沥水，鸡蛋打成蛋液，取银鱼沾面粉后再裹鸡蛋液，放入热油锅中煎至两面呈金黄色，倒出沥油。原锅下葱姜煸香，放鲜汤、黄酒、细盐、白糖、味精、煎好的银鱼，用小火熬至汤汁将尽时，放豌豆苗炒匀，盛入盘中即成。成菜绿中有黄，黄中见白，香鲜并俱，佐餐下酒皆为上品。

　　说来也有趣，现今所说的"太湖三白"，其实只是史称"太湖三宝"的改良版。在《吴县志》中，就有"银鱼、梅鲚鱼、白虾以'太湖三宝'著称于世"的记载。梅鲚鱼肉质肥嫩鲜美，营养丰富，其嫩骨与卵含有大

大头菜银鱼

量的钙质。油里一炸，连骨带肉一起嚼下，鲜汁盈口，余香久之，深为老人、孩子所喜爱。至于"三宝"中的梅鲚鱼怎么会被白鱼挤下了宝座，坊间历来都有争论。有一说是因为梅鲚鱼的保鲜极为不易，根据渔民所述，梅鲚出水便死，四五个小时就会腐败，因而梅鲚佳肴很难进入城市餐桌。久而久之，相对较容易保存的白鱼就取代了梅鲚鱼的地位，"三宝"也就演化成了"三白"。此说虽有理，但和《吴县志》中"明洪武年间，每年岁贡梅鲚鱼万斤，故梅鲚鱼又称贡鱼"的叙述似是相悖，究竟为何，只能留待有识之士来解答了。

塘中味：说不尽的荷塘鱼色

雪菜豆瓣汤

　　"雪菜豆瓣汤"是姑苏名菜，关于这道菜，坊间素有两个版本的传说。一个是"苏州版"。说是1970年，叶剑英元帅陪同当时的柬埔寨元首西哈努克亲王访问苏州，下榻在南园宾馆，席间大厨上了这道"雪菜豆瓣汤"，西哈努克亲王喝下后，赞赏不已，以至后来陪同法国友人游苏州时，指名道姓就要喝这碗汤。另一个是"上海版"。说是当时寓居上海的国家副主席宋庆龄，要宴请几位来访外宾，便请上海著名厨师何其坤大厨亲自掌勺烹制。何大厨熟知苏南佳肴，在一桌菜中专门做了一款姑苏名菜"雪菜豆瓣汤"。这道菜，菜绿、"豆"白、汤清，鲜美异常，其"豆瓣"之嫩，堪称一绝，食者无不惊奇。家宴散后，主宾相问，厨师才告知：这"豆瓣"不是那豆瓣，而是塘鳢鱼双颊上的两块腮帮肉。腮是鱼呼吸时活动最频繁的部位，因此最活最鲜，一条鱼也只有那么两小爿半月形的、宛如"豆瓣"的腮帮肉，要制成这雪菜"豆瓣"汤，没有几十条塘鳢鱼及精巧的制作技巧，是不可能的。另外，在苏州，还有一个关乎乾隆的民间传说，说是乾隆皇帝下江南时，途经洞庭东山，在一渔民家中休息，渔民之妻将刚捕的塘鳢鱼挖出鳃帮肉，煮成汤献给皇帝。乾隆食后，

塘鳢鱼

感觉其味特鲜，故问此菜何名? 她答是"豆瓣汤"。乾隆回宫后思食此汤，命御厨房制作。因不知用何原料，即使用上名贵鱼配以山珍海味，仍不能与姑苏"豆瓣汤"相比。

其实，这道菜的历史由来已久，早在南宋司膳内人所撰《玉食批》就有记载："不待是贵家三暴珍，略举一二，如：羊头签上取两翼，土步鱼上取两腮。"其中的"土步"是无锡、杭州等地人的叫法，苏州人还是习惯称"塘鳢鱼"，而金陵、淮扬一带的人则称其为"虎头鲨"，大概是它浑身黑紫，外形凶猛，牙尖锋利，只爱觅食小鱼小虾的缘故。塘鳢鱼鱼肥肉嫩，肉白如银，较之豆腐，有其嫩而远胜其鲜，或烧，或蒸，或炒，或爆，或汤，皆能出其真味。汪曾祺介绍过几种吃法："苏州人做塘鳢鱼有清炒、椒盐多法。我们家乡通常的吃法是氽汤，加醋、胡椒。虎头鲨氽汤，鱼肉极细嫩，松而不散，汤味极鲜，开胃。"在我的童年记忆中，塘鳢鱼的价格很便宜，每到菜花盛开的季节，饭桌上隔三岔五地会有一道"塘鳢鱼炖蛋"，大人小孩都喜爱这道菜，大人不怕刺便吃鱼，小孩吃

博鳌鱼炖菜

炖蛋。只是那时不太懂，从没注意到有谁可以挑着"豆瓣"吃。那年央视来拍"家宴"时，让我仿效熏鱼的做法，做一道"香熏塘鳢"。去菜场一问价，着实吓了一跳，大小不齐的塘鳢鱼居然卖到了百十来元一斤。以至于后来苏州画家陈如冬在新聚丰宴请，上了一道"余塘片"时，我脑子里立即就蹦出一个念头："这道菜要卖多少钱才有赚啊？""余塘片"即用利刃将塘鳢鱼剔骨，去头尾，然后把二爿鱼肉，皮朝下放在砧板上，手揿住鱼尾，刀口贴着鱼皮向前推下鱼肉，鱼皮弃用，再用刀斜刮去胸刺，最后才取得薄薄的两片净肉。

塘鳢鱼近年来身价扶摇直上，据渔民说，这是因为这种鱼没法人工饲养，所有的都是野生的。这就有答案了，但凡是不能人工饲养的，都会是物不见多而吃的人却越来越多的，价钱自然就不菲。所以，若是真心想尝一尝"菜花塘鳢"的美味，那就赶紧吧，晚吃不如早吃！

苏式酥鱼

前些日子，朋友刘宏让我品尝了他新推出的一道苏式名菜"苏苑酥鱼"。

严格说，这不能算是一道创新菜。据传，酥鱼起源于河北省邯郸市赵家，魏晋时期，由民间传入宫中，北宋太祖赵匡胤颁旨御封为"圣旨骨酥鱼"。不过好像那时用料多为青鱼和鲤鱼，如今流行的用鲫鱼来做这道菜似乎是苏州的专利。早在元末明初，苏州文人韩奕的《易牙遗意》中就有了这道"酥骨鱼"，做法大致为："大鲫鱼治净，用酱、水、酒少许，紫苏叶大撮，甘草些小，煮半日，候熟供食。"清乾隆年间，袁枚的《随园食单》也曾提及："（鲫鱼）通州人能煨之，骨尾俱酥，号'酥鱼'，利小儿食。"由此可见，骨酥鱼还是很有群众基础的，究其因，就在于吃这鱼可以不怕鱼刺鲠喉！

骨
酥
鱼

　　骨酥鱼是道火功菜，真要做出有滋有味也不容易。在《清稗类钞》中的做法是："酥鲫鱼者，平铺大葱于砂锅底，葱上铺鱼，鱼上铺葱，递铺至半锅而止，乃加以醋、酒、酱油、麻油、盐，炙以细火，至尽汤为度。"刘大厨的做法和它很相似：先将半斤左右的鲫鱼去鳞洗净，沥干水分，然后在锅中放上竹垫，再将鲫鱼整齐排列放在竹垫上，把桂皮、茴香、葱、姜等香料均匀地在鱼身上铺放一层，再放一层鱼，再放一层调料，直至把鱼和调料放完，加黄酒、酱油、米醋、白糖、鲜汤。然后盖上锅盖，使其尽量密封。大火烧沸转小火，焖烧五至六个小时，待鱼骨酥烂时，淋上麻油，用大火收稠卤汁，离火冷却，结冻后再小心取出装盘。

　　这样的做法，成菜酱香扑鼻，骨酥肉香，入口鲜美，和我印象中的"雪菜鲫鱼冻"有着同工异曲之处。记忆中，制作流程上，雪菜鲫鱼冻和刘宏的"苏苑酥鱼"差不多，就缺了最后那道"大火收稠卤汁"，用料上则不用桂皮、茴香等大料，而放入切成细段的雪里蕻，调料中的白糖则要多很多。吃起来,相同之处便是骨酥肉香,连骨嚼下,丝毫不用担心鱼刺鲠喉,不同之处则是雪菜鲫鱼冻口感更觉清香,咸中带甜,甜中微酸,十分爽口。特别令人挂怀的是,冷凝成脂的雪菜冻,至今都没想出该选用哪个成语来赞美这滋味,无论吃粥还是拌面,每次都让人欲罢不能。

刘宏的"苏苑酥鱼"是宾馆菜,除了味道,形、色也得下功夫,所以选用的都是上规格的大鲫鱼。若是居家做这道菜,那就没这必要了。买上斤把鲫鱼,或者是其他小杂鱼也无妨,回家如法炮制一番,做到"骨头酥"应该都不会有问题,只是在烹制时注意一下火候就是了,火小鱼骨不易酥,火大鱼肉容易散。实在觉得自己拿捏不准,干脆就用高压锅,不但安全,而且快速,差不多一个小时就可以了,当然吃起来的口感会差一点。

如果真心觉得好吃,那就索性一次多做些,吃不了的搁冰箱,十天半月也坏不了,不放心的,回烧一下也无妨,只要小心别弄散就是了。如此这般,能省去多少麻烦啊。当然,如果有厂家愿意将此开发成美观又保味的冷冻食品,那就更好了!

青鱼尾巴

"青鱼尾巴鲢鱼头"是苏州人熟悉的一句老话,意指在青、草、鲢、鳙四大家鱼中,青鱼的尾巴和鲢鱼的头味道最好。

青鱼位居四大家鱼之首,在苏州也属于珍贵鱼种之一。青鱼的品种大致可分为两类,一种名叫"螺蛳青",以苏州相城地区出产的最为有名,这种青鱼生有一对大鱼牙,生性最喜吃螺蛳,到长成一条成鱼,要吃掉几百斤螺蛳,所以肉质极佳,为青鱼中的极品。另一种青鱼背上泛有血青色,所以俗称"血青",这种青鱼生性要平和些,觅食时有水草也能够

青鱼划水

对付过去,但据说肉质要差一些。

　　餐桌上的青鱼菜最出名的莫过于"红烧划水",张爱玲在写给美国朋友爱丽丝的十八道中国菜单里称之为"豁水"。按照张爱玲的做法,食材为:"青鱼尾巴二条,青鱼头一个,菱粉四分之三杯,笋四两,酒两汤匙,酱油半杯,糖二茶匙,盐一茶匙,火腿数片,葱,姜。"具体操作步骤为:"将鱼尾对直剖为三条,大者剖为四条。尾之最下部分即豁水,须留着。头也砍成四五块,以黄酒浸一小时,用干菱粉满涂之,在热油锅内煎炸一透,捞起。另起油锅,倒入油五六汤匙,投入姜片、笋片、火腿片炒一透,把煎过之鱼头先行放入,加进酱油、糖、酒、葱、盐、水一杯,盖上锅盖用猛火煮五分钟,始将鱼尾轻轻放入,再烧二十分钟或鱼熟即可。煮至半熟时,须把下面的翻动一次,致面上的亦能浸到汤汁。"由此看来,张爱玲对这道"红烧划水"的烹饪还是挺有心得的,比之苏式菜

馆里的大厨似乎也一点不落下风。

青鱼历来都被苏州人视为鱼中珍品之一。上一点年纪的人都记得，二十世纪七八十年代，苏城曾有过的一道有趣的风景线。一到年关，很多人的自行车后车架上都会拖上一条很大的鱼，如果是拖着一条又大又肥的青鱼，那么这人基本上是在国有企业或是机关里工作的，如果拖着的是一条草鱼，那么这人的工作单位十之八九是集体企业甚至是街道厂。青鱼到家，往往都是洗杀开片后将鱼肉腌晒成青鱼干，留待日后慢慢吃，只把不适合腌制的部位先吃掉。除了头尾做成"青鱼划水"之类的菜肴外，会收拾的人家还会把鱼肝、鱼鳔、鱼肠等鱼杂洗净去腥后，配上大蒜叶一起炒成"大蒜鱼什"。做这道菜的关键在于洗，不但要洗去鱼腥味，还要把不能食用的东西摘除干净，尤其是鱼胆，看着挺漂亮，蓝宝石中一款珍品就叫"鱼胆青"，但是青鱼胆有毒性，搞不好会吃死人。用青鱼肝则能做成苏帮菜中的另一道名菜"青鱼秃肺"。这道"青鱼秃肺"也很受文人推崇。

在苏帮菜系中，"秃"表示唯一，如用蟹黄制成的"秃黄油"即为一例。所谓的"青鱼秃肺"其实就是"清炒鱼肝"。因为淡水鱼几乎没有肺，呼吸全靠鱼鳃。青鱼肝的外形有点像鸡肫，但要嫩得多，端在手上颤巍巍的，真怕它即刻就会碎。沈家禄先生有文描述过这道菜："此物洗净之后，状如黄金，嫩如脑髓，卤汁浓郁芳香，入口未细品，即已化去，余味在唇在舌，在空气中，久久不散。"不过，这道菜家常没法做，因为做这道菜少说也要十来条鱼的肝，而且对技艺的要求也很高。某年我在一家饭店的后厨看见一堆鱼杂，就请大厨来一道"青鱼秃肺"，没料到这位掌勺多年的师傅居然没听说过这道菜，于是只能严格按照我的指令试做了一下。成菜后一尝，没法下肚，无奈下我只能给自己找了个台阶："这鱼都不新鲜，做这道菜一定要活鱼取肝，而且还要立即就下锅。"

鲢鱼头

　　四大家鱼中的鲢鱼在苏州多称为"花鲢""胖头鱼"，以区别于俗称为"白鲢"的普通鲢鱼。花鲢的肉质最次，不仅松软，鲜味也一般，甚至还不如白鲢。但花鲢的头却是四大家鱼中味道最美的，一道"砂锅鱼头"一向都被苏州人视为苏菜中的名件。"砂锅鱼头"的做法很简单，洗净煎头后，喷上黄酒去腥，放入砂锅中煮至鱼汤发白，然后放入豆腐或是粉皮之类的配料，上桌前，适量加些胡椒粉就行了。但真要吃到极品的"砂锅鱼头"也属不易，因为鲢鱼生长发育很慢，一般要长到一米左右才有繁殖能力，而只有用这种发育完整的花鲢头做出来的"砂锅鱼头"，才算得上是极品。以前，太湖中的花鲢鱼苗多是由长江通过河港进入太湖中自然生长的，但现在水道水闸的增多，影响了鱼苗洄游，太湖花鲢产量一度下降。一米多的花鲢在太湖里是少而又少，所以太湖花鲢的价钱也不菲，品质上乘的据说能卖到一千多元。如今苏州人在餐馆中所吃到的花鲢大鱼头标示的大多是"天目湖鱼头"或是"新安江鱼头"，几乎

见不到"太湖花鲢"了。所幸的是，近年来，国家每年都要在太湖中人工放养大量鲢鱼，太湖中的花鲢数量有所回升，相信再过几年，真正的地产"苏州胖头鱼"也会出现在苏州人的餐桌上。

苏州人在食用鲢鱼头时会常玩一个"笃仙人"的游戏，"笃"在吴语中作为动词表示"扔"或"抛"，所谓的"仙人"就是位于鳃处的一块鱼头骨，形状有些像是不规则三角锥体，底部向下时，鱼骨能站住。游戏的规则是，从先吃到这块骨头的人开始，用筷子夹住鱼骨在各道菜里蘸一下，名曰"喂仙人"，"仙人"吃饱了，就把它提到高处，"笃"的人可暗许一个愿，然后放开筷子让"仙人"落在桌上，如果站住了，就能心想事成，站不稳，还有两次机会，如果都没站住，只能讪讪然地转交给别人继续玩。

花鲢鱼肉质虽然较次，但在苏州人手里也不会糟蹋，往往会用来做鱼丸。由于肉质松软且胶质少，用勺刮起鱼茸来反而比青鱼、草鱼要容易许多。不过，这种鱼丸很少用来做汤或是蒸菜，一般都出现在"三鲜丸子"或者"炒什锦"这一类大众菜品里。

总之，青鱼也好，鲢鱼也罢，苏州的阿姨、好婆"物尽其用"的功夫的娴熟程度真不在"解牛"的"庖丁"之下。

小滋味：食螺琐话

正月螺蛳最鲜美

"清明螺，赛似鹅"是一句流传很广的俗语，意思是说清明时分螺蛳刚从冬眠中醒来，基本无子，且少有土腥气，所以味道最为鲜美。其实，螺蛳的美味时节并非只限于那么几天。就如在江南很流行的一句俗语"正月螺蛳二月蚬"所述，螺蛳的最佳食用时节几乎能有百天以上。曾向太湖渔家请教过，"螺蛳畏雪蟹怕雾"，只要水温低于十五摄氏度，螺蛳便紧锁螺鬐进入冬眠状态，腹中的卵子一点还没形成，所以不仅肉大肠小，肉质也最鲜嫩，只是此时的螺蛳大多藏在湖泊河塘的淤泥中。春寒料峭，且不说捕捞不易，就算是到了家，换水净洗、"剪屁股"这一系列的事，也是挺折磨人的。所以说，"正月螺"之所以珍贵，某种程度上就是它的食之不易导致的物以稀为贵。在苏州，物以稀为贵其实算不得什么，明代文豪王鏊曾说过"食不过五日"，如此说来一年中的时鲜至少也得有百多回的替代，如此这般，"贵"又从何说起呢？

二月二，惊蛰一声雷，万物复苏，螺蛳纷纷从淤泥中钻了出来，开始产卵，迎接新生命。尽管母螺的肉质已大不如正月螺，但河滩上，稻田里，桥洞下，河岸边，到处都有它们的身影。不夸张地说，随便找个亲水

的地方，中午悬吊下几根草绳，到晚上，捋下来的螺蛳一顿肯定吃不完。只要不过清明节，螺蛳腹中的子螺就基本都没成壳，河塘水的泥土腥味也较少，尽管肉质稍不如正月螺，但捕捞、烹制都极简单，所以清明螺大受青睐，也就在情理之中了。

螺蛳虽不值钱，现在也不过一两块钱一斤，但想吃出真味，也不是件容易的事。首先是买，首选个头中等、壳薄肉肥的青壳螺蛳，个头太大的不选，肉老，螺卵还多；其次则选那种浅褐色螺蛳，看上去光润发亮的要好一些；至于那种被称为"石壳螺蛳"、深褐色中夹杂着灰白色的，苏州人是从来不会放入菜篮的——回家后没等到你吃出肉老枯瘦，甚至没等你剪好一碗，那厚厚的螺壳，准保先将手扎出水泡。

螺蛳。买回螺蛳洗净螺壳后，要放在清水里静养几天，让螺蛳吐出泥沙脏物，直到灰色絮状物都吐净买回家的螺蛳，洗净螺壳后，放在清水里静养几天，让螺蛳吐出泥沙脏物，直到灰色絮状物都吐净为止。若是淋上几滴麻油则更好，这样能把螺蛳中的蚂蟥或是什么寄生虫都吸引出来。烹调之前，先要把螺蛳尖尖的尾巴都剪掉，否则"实心屁股"的螺蛳，任谁也没本事把肉吸出来。若是剪好后再放清水里养半天，则吃起来更觉清爽。螺蛳生命力很强，即便剪好后再放上一两天也无妨。炒螺蛳不用很多油，但最好用猪油，这样吃起来更觉肥腴。油锅烧热后，放入葱姜煸一下，然后倒入螺蛳翻炒，等锅再热时，喷上料酒去腥，再放酱油、盐、糖和少量水，翻滚五六分钟就差不多了，撒上葱花盖锅焖一下，反正滚烫的螺蛳也没法吮吸，倒不如让它在汤汁里多浸泡一会，吃起来更觉得入味。

吃螺蛳也是个技术活，苏州人都把这动作称为"嗍"。嗍时要用软

红烧螺蛳

硬劲。劲小，螺蛳肉出不来；劲大，会把螺尾吸入口，闹不好会弄得一嘴沙。先把螺蛳头塞进嘴，牙齿轻咬住后半部，舌头抵住螺，一吸一吮，裹着鲜美汤汁的螺肉便滑入口中，吐去壳，咬下尾部轻轻吐出，这才算"嘬"成了。一般来说，不生活在江南水乡的人，就跟外国人用筷子差不多，很难有这独门功夫，当然，对于螺肉奉献上的鲜美，也就无福享受了。唯有像唐伯虎这样的老苏州人才能真正领受得到螺蛳壳里的无穷意趣："不是蜻蜓不是蛏，海味之中少此名；千呼万呼呼不出，只待人来打窟臀。"（《杜骗新书·第十三类》）

一口老酒，三五粒螺蛳，"老酒咪咪，螺蛳嘬嘬"，这也是苏式惬意生活的一个经典写照。

在苏州，螺蛳的做法有几种，平常的有炒螺蛳、醉螺蛳、糟螺蛳这几样，讲究一点的放入火腿丁、芦笋、葱姜丝做成豪华版的"上汤螺蛳"。也有更讲究的，苏州人常吃的"螺蛳肉炒韭菜"即为一例。买回的螺蛳不用剪屁股，焯水烫熟后直接用缝衣针将螺肉挑出来，掐去螺肠，放在淘米水里洗去黏稠液。炒时，先炒韭菜至八分，放入螺肉后再炒直至入味。"三月新韭三月螺"确实是相得益彰，但这"粒粒皆辛苦"的吃法，还得先要有耐心——须知道，这么一盘菜，所需的螺蛳至少也要两三斤。坡叟《盛泽食品竹枝词》中有这么一首诗："渔妇谋生不惜勤，朝朝唤卖厌听闻。螺蛳剪好还挑肉，炒酱以汤做小荤。"

"螺蛳壳里做道场"

在苏州，最为人所爱的还属"酱爆螺蛳"。旧时的苏州曾有这样一道风景线，每到傍晚时分，大街小巷里都能看到手挽着竹篮，沿街叫卖着"阿要买螺蛳，鲜吱吱格酱爆螺蛳"的小女孩。竹篮里端放着一只砂锅，四周捂着旧棉被，若是遇上了买家，两调羹螺蛳一分钱，撒上五香粉，热乎乎，香喷喷，先馋倒的是不相干的过路人。做这种近乎无本生意的，往往都是穷人家的孩子，稍强的也有摆摊的。1912年，玄妙观三清殿后面的弥罗宝阁遇火全毁，不久后废墟上就形成了后来远近闻名的玄妙观小吃世界，其中就有很受人欢迎的酱爆螺蛳摊，一个铜板一盆，遇上不太会嗍的，摊主给你一根发簪，用以剔出螺蛳肉，这种状况一直持续到二十世纪六十年代。在所有物资都奇缺无比的那几年里，玄妙观的螺蛳摊也成了热门地，三分钱一个油纸三角包，里面大概能有三五调羹酱爆螺蛳，吃客也都顾不上身份，迫不及待地边走边嗍起来，人行道旁满地都是吃剩的壳，脚一蹭，"哗啦啦"地响，小孩都觉得很好玩。

也许是身价太低，外加吃相也稍显狼狈，所以一般饭店里很少有螺蛳上桌。不过也有另辟蹊径，专以螺蛳为主打的商家。二十世纪八十年代，在新落成的吴中商城中，就有这么一家，店名就叫"螺蛳饭店"（如今已移至苏州工业园）。当时这家饭店的主打菜就是"酱爆螺蛳"，另外还有一些菜肴也都和螺蛳有关，其中一道"田螺塞肉"，味道之鲜美，举箸难放。

做"田螺塞肉"，要先取出螺肉，田螺的取肉过程和剔螺蛳肉差不多。这道菜妙就妙在先将田螺肉和五花肉丁放在一起剁成糜，然后再回填至螺蛳壳内。浓油赤酱一阵滚后，肉香螺鲜，一吸一吮，汤汁四溢，肉螺鲜嫩脆爽，难怪有人将其与海中珍品"鲜鲍"相媲美了。另外，田螺的营养价值、药用价值都极高。在苏州，流传着这样一个故事，说是某一日，唐伯虎见祝枝山有些闷闷不乐，便问他为了何事烦恼，祝枝山告知唐伯虎，儿子腹胀如鼓，几日不下小便，数度延请郎中，却丝毫不见效。唐伯虎略一思忖，写下一首诗谜："圆顶宝塔五六层，和尚出门慢步行。一把团扇半遮面，听见人来就关门。"接着说道："将此谜底选大的备三

剪螺蛳

个，与一枚薤白头共捣碎，敷于肚脐处，一日后病就会好。"祝枝山一看就明白谜底是"田螺"，赶紧按方施用，一日后果然见效。传言而已，未必真有此事，但《本草纲目》中也确有记载："水气肿满，大蒜、田螺、车前子等分，熬膏摊贴脐中，水从便漩而下，数日即愈。"

在江南，还有一句耳熟能详的俗语"螺蛳壳里做道场"——常常被用来形容能在方寸之中做出大市面的事情。关于这句俗语的出处，江南大致有两个版本。一个是"杭州版"，大意为北宋南迁时，大批难民涌入杭州，因无以维持生计，只得在钱塘门外靠剔螺蛳肉赚几个辛苦钱，日积月累，钱塘门堆起了一座座螺蛳壳小山头。风波亭上岳飞遇害后，有一狱卒悄悄地将岳飞等人的遗体埋在了螺蛳壳堆里。二十多年后，岳飞冤案得以昭雪，宋孝宗派人从螺蛳壳堆里找到了岳飞的遗体，下旨移葬至栖霞岭，并召集江南各地一百二十名高僧汇聚在原葬地的螺蛳壳堆处举办水陆道场。杭城百姓振奋，奔走相告曰："朝廷要在'螺蛳壳里做道场'，超度岳飞等一干忠臣啦！"另一个版本则更多了一些宗教幻化的色彩。清嘉庆年间成书的《吴下谚联》中，作者王有光对"螺蛳壳里做道场"给出了

酱爆螺蛳

这样的脚注："螺蛳大如雀卵，其壳固渺然者耳。乃里边三转旋窝，如僧家所谓大乘、小乘、最上乘，具此壳内，故和尚可于此做道场也。又如道家所谓上界、中界、下界，具此壳内，故道士亦可于此做道场也。"

苏州人似乎更认同后一个版本，认为螺蛳不只是餐桌上的美味，而且还是能给人带来福报的神物。钱泳在《履园丛话》说了一个故事：明隆庆年间，有位名叫韩永椿的陆墓人，家境贫寒，每日早起总会拿起扫帚，把河两岸的螺蛳扫入水中，四十年不倦。后来子孙果然出息，孙儿韩世能金榜题名，官至礼部左侍郎。韩永椿也因孙而贵，被朝廷赐赠一品冠带，韩氏家族三百年来皆为吴中望族。袁枚的《子不语·卷二十·扫螺蛳》也有一段类似的记载，说的也是苏州府太仓人王某祖上扫螺蛳放生，从而给后人带来了逢凶化吉的福报。

虽然，这两则故事都带有很浓的神话色彩，然而也可见得，小小的一粒螺蛳在苏州人心目中所占的地位。在许多情况下，美味不仅仅给人带来感官上的享受，同时还是一种文化的载体，承载着历史文化的世代相传。

伍

人情浓

　　家宴，主要是一个大家庭，包括直系亲属聚在一起举行的宴会，也可以有朋友、同事等参加。不论请客吃饭还是吃年夜饭，苏州人的家宴，餐桌礼仪要遵守，备下的菜肴也有讲究，自己做、请厨师还是上饭店亦各有坚持，而这些，正是苏州人的饮食之道：饭要吃出人情味。

有情：烧的是火，用的是心

说礼

　　经常会遇到这样的问题："苏州人的家宴都有什么礼仪？"说实话，这问题很难回答。首先是本人一直认为，所谓的礼仪不同于封建社会的礼制，它没有固定的模式，社会也对它没有严格的要求。于个人而言，体现的是一种修养；于家庭而言，体现的是一种家风；于社会而言，体现的是一种约定俗成的风俗习惯。不过，"没有规矩，不成方圆"，所以每一个家庭其实都还是自觉或是不自觉地遵守着一定的规矩，尤其是对于那些以前的大家庭来说。通常的情况下，十几口人一口锅，遇上过年过节或是亲友来访，一顿饭要开四五桌，也是常有的事，如果都不讲规矩，或者说不讲礼仪，那么在外人看来，总有点门风不正的意思。

　　八仙桌，这是以前老家具中最为常见的餐桌形式。关于八仙桌的座次，我家的规矩是朝南向为上座，主人居右主宾居左，两侧按右高左低的顺序按身份、辈分排次，朝北面坐的一般都是小辈，俗称为"打横"。如果主宾只有六人，则朝北席次为虚席，留作上菜撤盘之用。千万不能坐成南北各一人，东西各设两座，这种席次到了说书先生嘴里，就叫"大摆乌龟阵"。至于现在通行的圆台面，一般都是要到家中遇见红白喜事时，才会临时架在八仙桌上当餐桌。用老苏州的说法是："圆台面上没大小。"这倒是和国际上流行的"圆桌会议"能接轨。当下流行的圆桌对门的席位是主位，也不知道是从什么时候开始的。

开席前，如遇贵客临门，有时也会讲几句寒暄话，如果宴请的都是亲友或是熟人，通常的开场白就是一句："也没什么菜，各位随意，骗骗嘴巴。"如果只是家里人，循守"食不语"规矩的也大有人家。我家的形式是由身份最高的长辈首先举筷在汤里点一点，这就表示可以"动筷"开吃了。

记得从小就有"看菜吃饭，量体裁衣"这句话。按照现在的注释是："我们无论做什么事都要看情形办理，文章和演说也是这样。"但当时的感受却和这完全不一样。那时家中的小孩基本上没有动筷夹菜的资

格，大人中总有一人会担负起"布菜"的工作，小孩所吃的菜都由她夹到碗里。菜都在饭上，容易被吃完，然后就剩下饭了，这时候小孩就只能看着菜吃白饭了。要说这也没什么，反正小孩们都这待遇，馋馋也就过去了。可要是家里来了客，自家孩子们看着好吃的菜一筷接着一筷地尽布给了客家小孩，心态难免就失衡，常常会忍不住伸出筷子去偷夹菜。这时就要发生惨剧了，往往菜还没夹起，就会被大人的筷子打落回菜碗中，这在我们家叫作"打筷"。菜没吃到，还不能抗议，谁要是嘟囔一声，脑袋上准保会被大人倒拿筷子"啪"地一下，再不服帖，立马夺去饭碗，逐出餐桌。这还不算，"打筷"居然也有追加处罚，谁挨上了谁下一顿就

家宴。家宴所邀请的对象往往都是至亲好友

只能就着汤汁吃白饭。外国人常会惊叹中国人发明的筷子，其实他们哪懂得，中国人筷子的妙用可是大着呢。先吃完饭的人，可以说话了，大人们只要说一声"慢用"就可离席了，小孩则要先说一句"我吃好了"，然后等大人验明碗底没有剩饭，说了"去吧"，才能离席。

说菜

　　既然称为家宴，那么备下的菜肴首先就得有"家"的味道，同时还得和"家常"有所不同，毕竟家宴和家常还是有着不同的内涵。家宴既是主宾之间一种情感交流的方式，同时也是主妇们一展身手、彰显家族品味的大舞台。

　　先说配菜，这就很有讲究。家厨的设施怎么也比不过酒楼的后厨，技艺上当然更比不过术业有专攻的名厨大师，因此，但凡酒楼中的名菜佳肴，家宴中最好少作安排，否则很容易落得东施效颦的尴尬，最好还是做些自家拿手菜。吃来吃去，说穿了，吃的也不只是鸡鸭鱼肉，归根结底还是吃味道。各家自有各家味，饭店如此，家常也是如此。不过，也要备下几道苏州精细菜，否则，女主人面上无光。比如说，苏菜中的名肴"松鼠鳜鱼"，就其技法来说，会做这道菜的主妇不在少数，但家中一是开不了这么大的油锅，即便是开得出，那么这一大锅油用不了也是很大的浪费，显然这不符合苏州人简朴的生活理念。对于巧妇来说，她们常会换做另一道口感相近、形态相仿的苏式名菜"菊花鱼球"。先把活杀青鱼洗净，拆去脊骨与背、腹刺，得带皮鱼肉二条。鱼皮朝下放在砧板上，按照半厘米左右的刀距，在不切断鱼皮的前提下，将鱼肉开出横平竖直的"肉刺"，然后再按照三厘米左右的大小，切断鱼皮，形成大小适宜的正方形，加料、加蛋清腌制一会儿后，放入干菱粉里沾拍上干粉，使得

茶叶蛋

根根"肉刺"都分开,抖去多余的干粉,一朵朵"菊花"的坯子就成了。炸时,菊花鱼坯皮朝上,用手捏拢坯子四个角,放入油温六成热的油锅,待"肉刺"弹开定型后,放手让它翻身炸至呈金黄色捞出,然后一个个如此炸定型。再起热油锅,放入"菊花"二次炸,至外脆里嫩时取出,一只只放在平盘中排列整齐。若是秋天,四周再铺上些新鲜菊花叶,煞是好看。然后再起油锅至三成热,放入事先调好的番茄酱,加糖、粉勾芡,用小勺舀起淋在菊花球上。整个过程和"松鼠鳜鱼"差不多。成菜后,色泽鲜明,形态逼真,外脆里嫩,甜酸带咸,丝毫不亚于"松鼠鳜鱼",而好处就在于不会浪费油。

家宴所邀请的对象往往都是至亲好友,所以配菜时还得兼顾客人的口味,比如客人中有不吃牛羊肉的,那就避免做这一类菜,若是客人

酱爆虾

中有久居外地的回乡客，那么就得以他为主，多上"八宝酱""开洋萝卜丝""扁尖炖臭豆腐"这一类饭店里相对做得少，但又饱含着家乡情结的菜。总之，配菜要尽量投其所好，这才是事半功倍的门道。配菜的数量也有讲究，女眷多的话，菜量适当多一些，因为她们多数不喝酒，只喝饮料解咸开胃，吃菜也会多一些，一般按照人均两斤左右的生胚量，这总是需要的。

老苏州都知道一个门道：头道菜一上，今天这桌菜的档次就出来了。若头道菜是鱼翅、海参之类的，那么今天这桌菜就有吃头了，若头道就是"清炒鱼片"之类的，那么这顿饭也不过就是顿便饭了。

既然是各家自有各家味，于此赘言也招人烦，简而言之，家宴要做足味道，首先是要相互间有足够的友谊和交情，烧的是火，用的是心。

有道：请师傅来做家宴

那是1978年的一个冬日，适逢太太（当时的女友）的奶奶九十大寿，上海、南京、杭州、北京等地赶来了不少贺寿的亲友。老太太出自名门，平日里最看重的就是场面，即便家道中落也不肯落下"怠慢"二字。面对这么多前来拜寿的至亲，老太太高兴之余更添愁绪。不仅厨房里那点菜把家中所有的购物券都给消灭了，而且那些躺在案板篮子里的东西也没什么出色的地方。除了鸡、鸭、蹄髈之外，也就两尾二斤来重的草鱼算是看得过去的食材了。那时候，我的"毛脚"帽子还没摘掉，见老太太有些一筹莫展，当然不会放过这立功的好机会，胸有成竹地让老太太放宽心，由我去请一位苏州城里的名厨来家中掌勺，虽不敢说能让客人个个都吃饱，但保证能让客人吃得有滋有味，准保不会让您老太太面子上不好看。

请来的大厨名叫韩伯泉，数度被外交部征召派往德国等大使馆工作，回国后出任姑苏饭店厨师长。之所以请得动这位一等一的大厨，源自我与韩师傅的儿子惠民是好友，冲着这么多年一口一声的韩伯伯，请他来帮我讨好我尚未敲钉转脚的丈奶奶，我心中是有底气的。

那天的场面不用说，而坐得满满的两桌客人可说是个个满意。本来嘛，你们即便是上馆子里吃，灶台上多数是徒子徒孙们在掌勺，今儿有幸

吃到烧过国宴菜的大师傅用心做的菜，自然没有二话了。记得那天的菜式都是韩师傅临时配单的，冷盘、热炒、大菜、甜品一应俱全。很可惜时间过得太久了，那天的菜单也记不全了，但有两件事至今仍是记忆犹新。

一是那天的两条鱼，按照我们原先的打算是每桌上一条，至于是红烧还是清蒸，那就拜托韩师傅的手艺了。可没想到一条两斤来重的草鱼到了韩师傅手上，立马变出了好几道苏帮名肴。

鱼头和鱼尾，韩师傅仿照"松鼠鳜鱼"的做法，开好花刀裹上干面粉，油里一炸，茄汁一浇，再撒上一把松子，一道地地道道的"松鼠鳜鱼"比馆子里做的更加活灵活现。鱼中段，韩师傅片下两面的鱼肉，剔去刺，配上木耳，一大盘木耳鱼片怎么看也比馆子里的分量要来得足。剩下来的鱼大骨，韩师傅放油里一炸，而后在他调制的酱汁中一浸，冷盆里就多出了一道香脆鲜美的"香酥龙骨"，余下的鱼皮、鱼刺以及零碎鱼

米，熬熬汤，放点蘑菇、豆腐丁，又是一道醒酒的佳肴——酸辣汤。我还开玩笑地说："早知道韩伯伯会变戏法，鱼鳞片也不该随随便便扔掉。"不料韩师傅一本正经说了句："鱼鳞也可入菜，油里炸一炸，和椒盐拌拌就是一道不错的凉菜，可惜你们已经都扔了。"

这还不算绝，最绝的一招是韩师傅配出的冷盆"四双拼"，一共要有八味菜式，可装盆的时候发现怎么也缺少一味。所有人都劝韩师傅将就点吧，巧媳妇难为无米之炊，家中拿得出的食材已都拿出来了，真有

平江路寻常人家生煤炉。现已不多见

缺憾也只能随意了。可韩师傅却是一点也不含糊，从筐里挑出了一些青菜叶子，细细切成丝，而后在五分热的油锅里过了几下，撒一些细盐、白糖、味精轻轻拌匀，一道墨绿爽口的"杂菜松"镇住了所有宾客。临到末了，席面上的二十二位客人除了咂嘴夸称，没一人猜出这道"清香碧绿、色泽雅丽、鲜咸宜人"的菜是个什么菜。

那会儿没有煤气，家中所用的全是如今已不多见的蜂窝煤炉，因而得幸在韩师傅的麾下当了一回火头军，当日所有的烧、煮、炖、炒全出自我统领的三只蜂窝煤炉。

有道是"看人挑担不吃力"，真要操控好这三口小煤炉，没点悟性的人还真不能够做到。韩师傅要炒炒爆爆，那你就得赶紧添上新煤饼，而后使劲地"啪嗒啪嗒"地挥舞手中的芭蕉扇，直扇得炉中的火苗腾腾地越过锅沿，韩师傅手里端着生料嘴里还在继续喊着"使劲、使劲、别歇手"。一天下来，双手酸得发软不说，两鼻孔满是黑乎乎的烟油气，遭罪不小。旺火不好侍候，炖煮要的慢火也难侍候，比如说焖肉，火不能大，大了肉就容易散，当然也不能小，小了肉香、味觉、口感全不能到位。那么多大的火才合适呢？看到汁一秒钟冒两到三个泡泡，这火就合适了。就算那专事蒸菜的炉子，你也不敢怠慢它，蒸鱼火要大，蒸蛋火要小，韩师傅说了："好滋味一大半出自火工。"

请来了这么一位大本事的师傅，我那丈奶奶还能不把我这"毛脚孙女婿"给转正了？总之，那天老太太对这桌酒席是满意极了，以至于最后切蛋糕的时候，老太太执意要把仅有的一份蛋糕留下半份让韩师傅带回去。因为我先前就告诉老太太了，韩师傅是外事系统的"模范共产党员"，绝对不会出来赚外快，一分钱的劳务费也不会收的。

有忆: 年夜饭中的悲喜

论说家宴, 苏州人最为看重的要数"年夜饭"了。周宗泰的《姑苏竹枝词》有云:"荆妻儿女共团圞, 豆腐瓜茄杂果盘。吃饭刚完听谶语, 家家家里合家欢。"不过, 我小时候不是太喜欢。首先是几道大菜都不喜欢, 整鸡、全鱼、蹄髈都是早就烧好了的, 一直要到傍晚时分祭祀过列祖列宗后才会回到厨房。上桌前再入锅回烧, 这味道怎么样且不说, 主要是还不能吃, 要留到初四接灶君、初五接财神时当祭物。其次是那口热气腾腾的暖锅, 对于大人们来说, 当然是好东西, 边吃老酒边烫菜, 可对孩子们来说, 里面的蛋饺、肉圆、鱼圆、熏鱼、白鸡、百叶包肉等, 基本上都是装盆多出来的菜。素菜虽说名堂多, 如百叶炒青菜叫作"清清白白","香干水芹"叫作"干干净净", 油豆腐烧黄豆芽叫作"金钩如意菜", 菠菜炒百叶叫作"博帛菜", 还有许多如"甜甜蜜蜜""团团圆圆""金元宝"之类的菜, 其实不都是平时常吃的菜吗? 说句心里话, 这些菜放在平时分开吃, 每道菜味道都不错, 可呼啦啦挤在了一起, 哪道好吃, 哪道不好吃, 一时还真难辨出。所以那时候, 聆听完长辈的新年寄语后, 一年一度的年夜饭就算吃好了, 孩子们会匆匆扔下筷子找邻居家伙伴放鞭炮, 点烟火去。

童年时身在福中不知福, 几年后即得到了"报应", 迎来了"三年困

年夜饭。苏州人吃年夜饭也有很多讲究, 比如一定要有香干水芹, 寓意「干干净净」

难时期"。在那个年代里，不管你家人有多高的厨艺，那也得应了那句
"巧媳妇难为无米之炊"的老话。那年头物资供应有多匮乏，周作人的
一段话，还是挺能引起我的共鸣。周作人1961年除夕前，曾给香港友人写
信求救，信中写道："昨方寄一信，奉托糯米，初意在旧历新年，仿故乡
习惯，拟包粽子，但现在竹箬，既然难得，而内人又久卧病，无人经营，
为此特再上书，请予撤销。但另外乞寄砂糖一二公斤，则深感佳惠矣……
北京今年尚不大冷，新年将届，特发给肉票，每人可得三两，但人多肉
少，至今还没有买到，听说可以买到一月二日。"过大年，每人特供三两
肉，平时能见到肉的日子可想而知了。对于十多岁的孩子来说，还有什么
理由不盼着天天都能过年？这种凭票吃肉的日子一直持续了十多年，直
到二十世纪八九十年代，情况才有了根本的好转。只要是有胃口，天天吃
肉也不成问题，于是"年夜饭"又开始变得没味道了。

年夜饭

　　记不清是从哪年开始，一年一度的家人聚会开始走进了饭店、酒楼，据说倡导者是写有《美食家》的苏州著名作家陆文夫。1983年，媒体报道了陆文夫、费新我、张辛稼等几位苏州前辈文人首开先河，一起在得月楼聚会，吃了一顿年夜饭的事。也不知是陆文夫先生的影响力还是什么原因，没几年工夫，上饭店吃年夜饭就成了一种新时尚，以至于年夜饭"一席难求"成了新闻热点，甚至于有的名店竟然要求提前一两个月预定，有的大酒楼则限制了消费时间，第一桌必须在八点前结束，以便第二拨客人能入席。

　　这样的火爆场面当然也有好处，可以省去家中诸多"买汰烧"的麻烦，但这种"坐下就吃，吃了就走"的标准化程式，以及平时也没少吃的标准化菜品，实在很难让人再感受到小时候那种浓浓的"年味"，所以现在很多苏州人家又开始在家吃年夜饭了。

陆

和为贵

——苏州味道的『和』与『不和』

"作厨如作医。吾以一心诊百物之宜,而谨审其水火之齐,则万口之甘如一口。"清乾隆年间的名厨王小余如是说。苏州人做菜用心,吃菜也颇多讲究,要守得住前辈留下的手艺。鸡头米、虾仁等,不能混搭,而混搭出的带有苏式幽默的"白什盘"、温暖鲜美的"三件子",也很受欢迎。不同的美味,充分诠释着苏州味道的"和"与"不和"。

鸡头米外形有点像石榴，剥开外壳后还要将每一粒果实坚硬的壳剥去，才能食用

鸡头米炒虾仁：走味和走心

前些年曾在外地的一家馆子里见到过一道"鸡头米炒虾仁"。老板听朋友介绍说我是苏州人，而且喜欢吃，便推荐了他家的这道特色菜。老板介绍说，给他家送菜的是他家的亲戚，苏州斜塘人，送来的鸡头米粒粒饱满，是绝对正宗的"南塘鸡头"，而他家的虾仁确保粒粒都是太湖青虾，当天炒的虾仁当天剥。老板拍着胸脯说，不是他吹牛，即便是在苏州城里你也不见得能吃得到这等正宗的苏菜。

听着像是不错，鸡头米即"芡实"，水中珍品，而以香糯见长的"南塘鸡头"更是被人尊为"芡中状元"。太湖青虾，人称"水晶虾"，算得上是虾中上品，而且还是店家自剥的。于是乎，也没顾得上征求朋友的意见，自作主张点了这道一百六十八元一份的"鸡头米炒虾仁"。

老板所言不虚。夹杂其间的一粒粒乳白色的鸡头米也称得上是珠圆玉润，散落在晶莹剔透、微微透着红晕的河虾仁中，看着就觉得赏心悦目，令人食指大动。可一调羹入口，还没等虾仁入肚，"乱点鸳鸯谱"五个字便在脑中浮了出来，两样一等一的好东西硬是没搭配出好滋味。

鸡头米本以软糯招人，可配着虾仁的滑嫩，不但没吃出软糯，反倒是觉得一粒粒鸡头米盘在嘴里嚼着，实在不是个滋味。更糟糕的是，鸡头米本性清雅，既不能入味又不会出味，与虾仁一同钻了油锅，原本的

清香非但没给虾仁添香提鲜，反而让虾仁的浆汁全给化解了，生生将这两样配在一起，最起码有点对不起杀身成仁的太湖虾。倒不如老老实实分开做，先来一道"清炒虾仁"，再来一道软糯清香的"桂花鸡头米"甜品。尝过了鲜嫩咸鲜的虾仁，再喝一口清香宜人的鸡头米汤过过口，这样才讨巧。

其实，鸡头米搭配虾仁不如苏帮菜里"荸荠炒虾仁"来得合理。荸荠以脆爽见长，自身又有甜味，而且也极易入味，虾仁的鲜味很容易渗入，而虾仁配上了荸荠丁，口感更添清爽，它们二位在一起，那才叫相得益彰。

说句不中听的话，我从来都是站在所谓"苏帮创新菜"的对立面的，理由是老祖宗留下的"苏菜"遗产实在是太过丰富了。早在元末明初，就有苏州文人韩奕著作的《易牙遗意》问世。清代乾隆时的袁枚虽不是苏州人，但他的《随园食单》中写到的苏州菜，至今仍为人们所推崇。《桐

清风三虾

荷塘小炒

桥倚棹录》是清晚期苏州文人顾禄记载山塘虎丘景象的一本书，其中记录了当时的苏式名馔一百七十多道，《调鼎集》《随园食单补证》《清稗类钞》《宋稗类钞》等著作，所录下的苏菜可谓不计其数，至于文人笔下对苏菜的品评吟咏那更是不胜枚举。可惜，由于种种原因，许许多多曾经的苏菜早已失去了当年的苏味，有些甚至因失传而成了绝唱。躺在这么深厚的非物质文化遗产身上，与其"创新"，还不如下功夫去旧菜谱中找找传统的味，恢复出几道传统的苏菜。"推陈出新"远比"标新立异"要难得多，没有深厚的底蕴，绝对玩不转"创新"这两个字。

当然，"走味"也不能只责怪餐馆，养猪养鱼的都改用"复合饲料"了，种菜的都用上化肥了，调味品中也加入了五花八门的"高科技"。这一切使得传统的恢复难上加难，但如果我们的大厨真能守得住前辈留下的手艺，最低层面说，也会使得种种负面的影响降低许多。就拿苏帮菜中的"响油鳝糊"来说吧，好坏与否还是和大厨是否用心有关系。

响油鳝糊：作厨如作医

　　先说一段往事，这事发生在二十世纪六十年代。有一天，我在第一丝厂上了堂"忆苦思甜"课。前半堂课听"苦大仇深"的老工人"控诉"，后半堂课则是排队领取一碗"忆苦饭"。

　　说它是"饭"，也真罪过，实在是一粒米也没看到，就是一碗米泔水煮白菜皮。不见油星也就罢了，居然连盐都不放一粒。于是私下约了几位同学，下课后赶紧寻爿饭店给自己补一堂"思甜"课。

　　当时，人民桥北堍有一家"南门饭店"。店不大，两开间的门面，加上后堂，放着八九张八仙桌，中午供应有饭有面。四人坐定，点了一个两元钱的"和菜"。三菜一汤一冷盆，冷盆是酱鸭，热菜分别是炒什锦、香菇菜心、响油鳝糊，汤则是一碗"榨蛋汤"，饭可以随便吃。一共耗费两元钱，真够得上经济实惠。只是最后的代价有点惨，为了这件事，我们几个在接下来的几个月，几乎天天都生活在"斗私批修"中。

　　旧话重提，一笑了之。不过那天在南门饭店吃的响油鳝糊却是实实在在留在了我的记忆中。关于这道苏帮名菜，王稼句的《姑苏食话》有一段十分形象的介绍："响油鳝糊，苏州有'小暑黄鳝赛人参'之说，此菜亦以小暑为时令。烹法是将鳝丝用熟猪油炒熟，加高汤、调料，烧至汤汁收稠，再加淀粉等做成鳝糊，另有滚烫麻油一碗，同时上桌，将油浇在

响油鳝糊

鳝糊上，有'噼叭'之声，再撒上胡椒粉。"当年所吃，正如这般。

　　浓油赤酱，香气四溢，灶台上就浇上香油，热腾腾地，泛着一个个晶莹剔透的气泡，犹如一只巨无霸的螃蟹在不停地吐着白沫，上桌后，起码还能持续上两三分钟，哪像现在有些饭店的"响油鳝糊"，服务员端着油盅站在桌边现浇油，只听见"哧"的一声，便没有响声了。口感就更别提了，黏黏糊糊还外带土腥味。也难怪当今姑苏厨界翘楚刘学家老先生要痛心疾首了："其实，菜肴的好吃坏吃出于吃客嘴里。同样一道'响油鳝糊'，以前我们是用山药等胶原蛋白调汤汁（加糖也能使卤汁稠浓光亮），烧好鳝糊浇上沸油能在盘中噼啪作响，那才叫响油鳝糊！而我现在看到有的厨师贪省力，稠汁大多采用生粉勾芡，蛮好新鲜的鳝背，经你一勾芡，卤汁就会发腻，色泽变得暗淡，甚至有的端上来糊搭搭像一盘糨糊，叫客人怎么吃法呢？"

刘老说的一点不错！随便问一下身边人，除了宴请外地客人，点上这道看着好玩、说着好听的"响油鳝糊"之外，还有哪位仁兄有此雅兴："哪天寻爿饭店，点只响油鳝糊煞煞馋？"

其实，要做好这道菜，似乎也不是很难，夫人做这道菜就很不错。首先她会买，选购的时候知道哪种是温水催养的，哪种又是引进的南美黄鳝，所以她买回来的黄鳝哪怕是人工饲养的，也一定是养在冷水中，在自然生态下长大的。她的"响油鳝糊"不起油锅，先在锅里放少许清水，其量比油略微多一些，旺火把水烧开，放鳝丝，翻炒几下加作料，再翻炒几下，淋上用皮冻和山药汁调成的卤汁，起锅装盆，在鳝糊中间拨出一个坑，先放蒜茸后加葱，最后才是姜丝，滚油一浇，伴随着腾起的葱姜蒜香，便是一阵"哧啦啦"的响油声，沫停，再撒胡椒粉，拌拌匀，趁着后起的蒜茸胡椒的香味，举箸入口，准保和馆子里的味道不一样。

粗看看，好像没什么，但细细看，还是很有心得的。第一，不起油锅就有讲究。旺火过油，鳝丝极易脱水，口感就显老，清水滑锅更显滑嫩；第二，用皮冻和山药汁调制卤汁，简直是神来之笔。猪肉和黄鳝称得上绝配，红烧鳝筒、刺毛鳝筒、咸肉鳝筒煲等都要放猪肉，而且要油肉才吃得出滋味。传统烧法用猪油，也就是要问猪肉再借三分鲜，调卤时用点皮冻，一则可以弥补清水滑锅缺失了的肉香，二则可以添色增亮，称得上事半功倍。

"作厨如作医。吾以一心诊百物之宜，而谨审其水火之齐，则万口之甘如一口。"清乾隆年间的名厨王小余如是说。

白什盘，白食盘？

　　近年来，一道"白什盘"可谓风头日进，大有成为苏帮菜代表之势，似乎对所有冠以"苏帮菜"招牌的餐馆饭店来说，若是做不好这道"白什盘"，那这家馆子绝对属于没名气的；若是连菜单上都没有"白什盘"这三个字，那么这家菜馆简直就是"一粒米笃粥，米气也没有"。但有趣的是，这道闻名遐迩的"传统大菜"，在众多的地方文献中却鲜有身影，甚至在坊间的口口相传中，这道菜到底是该称作"白食盘"还是"白什盘"或是"白十盘"都难有定论。

　　闲聊中，曾向著有《姑苏食话》等多部苏城美食著作的王稼句先生请教过这个问题。稼句先生的意见颇具见地："最初应该是'白食盘'，起意应出于旧时菜馆中一道特有的风景，但这个'白食'和苏州人损人的'吃白食'意境全然不同，更多的是含有善意的一个戏谑称呼。"

　　确实如此。旧时苏州餐饮风尚和如今大有不同。那时的餐馆店堂都不是很大，压根就没有"巨无霸""餐饮航母"这类的说辞，即便是在二十世纪五六十年代，如松鹤楼、新聚丰这样的名店，店堂面积也不过二三百平方米，楼下大一些，摆放有二三十张八仙桌，算是"大堂"；楼上小一些，十来张八仙桌，几条屏风一隔就算是"雅座"了，几乎就没有"包厢""卡座"这样的布局。那会儿的客人也随和，两三批客人共用

白
什
盘

一张桌子是经常的事。遇到忙时，立在前客身后等座位的情况也时有发生。外加上，苏州人待客素来有"吃剩有余"的讲究，若是台面上出现了"盘子朝天"，很容易被人视作诚心不够，待客轻慢，因此往往结账离桌前，桌面上或多或少还有一些没吃完的菜肴。这就让一些后客有了"可乘之机"：将前客留下的如白斩鸡、肚片、鱼片、蹄筋、虾仁等筷面比较干净的菜肴划拉到自家面前接着吃。就是在这类貌似"吃白食"的场景下，带有苏式幽默的"白食盘"应运而生了。

在旧时的餐馆中，还有一道风景也很有意思。那时从没有"打包"这一说。若逢上要在餐馆饭店兴办红白喜事等宴请，主家出门时往往都会带上一摞饭盒钢精锅（铝锅），若是遇上席数多的话，带上钢精水桶（铝制水桶）也不稀罕，以便席散后能把吃剩的菜肴带回家。倒菜时，主家往往都会将整鸡、整鸭、蹄髈等大菜混倒在大锅或是提桶中。回家等到吃时，放在砂锅里回滚以后再上桌，坊间常将这道菜称作"刮档"。不过笔者素来存有疑窦，当下时兴的另一道名菜"三件子"会不会也是因此而来？"简朴而不马虎"素为苏州人的治家之道，在处理这些剩菜时亦然如此。主家往往会在倒回热炒剩菜时，把虾仁、蹄筋、蘑菇、鸡片等白色菜品单独倒在一起，而把鳝糊、腰花、猪肝、鸭胗等使用酱油或本身带红色的菜品另外倒在一起，回炒时，红的归红的，白的归白的，那些看起来是残羹剩菜的东西，由此而生成的别样滋味，向来都是极为人所喜爱的。所谓"白什盘""红什盘"之类的戏称，应运而生也就在情理之中了。况且，在苏式菜肴中，"荤什锦""素什锦"这些混炒在一起的菜品历来就是很受人欢迎的传统菜式，只是近年来在餐馆饭店里不太常见罢了。

当然，如今在菜馆里享用的"白什盘"，食材绝对不可能会是残羹剩菜。客人们所能享用的美味不但食材多"高、大、上"，而且在配色上也展示出了厨师对姑苏风韵中清淡、雅致、美味的感悟。我曾在苏苑饭店品尝过一次很不错的"白什盘"，主料为鱼肚、鲜贝、虾仁、蹄筋和鸡片，配料为冬笋片和鲜蘑菇，配色用的是上好的火腿丁、几缕用黄瓜皮切成的碧玉丝，以及切成薄片的蛋羹片，粉嫩雪白一大盘，氤氲热气中隐隐透出点点的红晕、丝丝的碧绿和浅浅的嫩黄，真让人不由生出不忍下箸的怜爱。我曾向刘宏大厨建议，如此精美的佳肴为何不大力宣扬一番？刘宏大厨的回答倒是实在，"白什盘"这道菜看似平淡简单，但做起来却是颇费时间，而且很考验厨师的功力。混搭在一起的食材，各自都有不同的成熟度，如鸡片、鱼片等所需火候便要大一些，而如鲜贝、虾仁等水产，火候稍大便失去了滑嫩的口感，真要烧好这道菜，一般都起好几次锅，制作的难度远远超过"佛跳墙""三件子"等名菜。因此在他们饭店里，这道菜每天也要做出"限量供应"的规定，不然的话，后厨说不定还真会忙不过来呢。

记得袁枚曾在《随园食单》中说过："善治菜者，须多设锅、灶、盂、钵之类，使一物各献一性，一碗各成一味。嗜者舌本应接不暇，自觉心花顿开。"看来到如今也得做些修正了，"一物各献一性，一碗各成一味"固然是保证了食之本味，但在平常百姓的味蕾中，混搭而出的菜品似乎也很受欢迎，苏式菜肴中的"白什盘""三件子"都是很好的实例。

现在的年轻人很难理解旧时饭店中的一些风情，甚至会发出"吃别人家的剩菜，真不觉得恶心"这样的疑问。然而在那个时代，人们崇尚的是节俭，所接受的思想是"贪污和浪费都是极大的犯罪"。在这种时代背景下，即便有许多注重卫生、始终接受不了"白食盘"的客人，但他们也绝对不会鄙视那些所谓"吃白食"的客人。我有一个也许不恰当的假设，在当下人们对卫生的理念发生了很大变化的情况下，分食制的形式逐渐成为流行趋势。那么，如果若干年后，一人一份的分食制成为常态，难说那时的年轻人不会觉得现在十多双筷子一起戳向一个火锅的吃法很"恶心"？所以在特有的历史条件下产生的餐事风情，不但不会引发出"恶心"的感觉，而且恰恰还能引发出对于美食无穷的回味。因为这些带有时代烙印的餐事风情所留下的美食记忆，往往会超出美味佳肴本身。说到底，寻求"美食"，很大程度上就是在追寻记忆的重现。

三件子：何必拘泥"一菜一品"

　　和"白什盘"相类似的还有一道"三件子"。秋意愈浓，饭店里"三件子"的订桌也就愈加火爆，这几乎成了近年来苏城餐饮的新流行。一个大砂锅，锅内一鸡一鸭一蹄髈，名曰"三件子"，加入火方、鸽子则成"五件子"。曾在得月楼吃过一次五件之外再加甲鱼和老鹅的"七件子"，满满一大砂锅，砂锅直径最少也有六七十厘米，若要称重，当不在四五十斤之下，在一贯细小精巧的苏式菜系中，足堪称"巨无霸"。

　　这道大菜，虽也有"传统"的桂冠，但只怕名过其实。因为对于这样的烹饪手段，自古就颇多微词。早在清乾隆年间，美食大师袁枚就在他的《随园食单》中给过这样的差评："今见俗厨，动以鸡、鸭、猪、鹅，一汤同滚，遂令千手雷同，味同嚼蜡。吾恐鸡、猪、鹅、鸭有灵，必到枉死城中告状矣。"过了两百多年，苏州人的认识似乎也还没有改变，1947年出版的《苏州游览指南》中，对苏州船菜大加推崇之时，还拿这道大菜做了一个反衬："苏州船菜，向极有名，盖苏州菜馆之菜，无论鸡鸭鲜肉，皆一炉煮之，所谓一锅熟也，故登筵以后，虽名目各异，味而皆相类。""味而皆相类"，确实和苏州人讲究的"一锅一菜，一菜一品"的饮食理念有些相悖。苏宴的"四六四"菜式传统配置中，最后的四道大菜也是以全鸡、全鸭、整蹄、整鱼这样单独装碗而出的，几乎没有如"三件子"这样将鸡、

鸭、蹄髈混煮一锅的。另外，这道大菜在坊间还有一个不雅的别称——"力夫菜"，意思大约是说，从前从事重体力劳动者收入菲薄，十天半月也未必闻得到肉香，偶尔有了点进账，赶紧凑上点钱，割肉买鸡回来，一没时间二不懂厨艺，将全部食材扔进砂锅里，就等着肉香出来赶紧打发肚子里那几条馋虫。此话稍显刻薄，不过也非全无道理。

"三件子"最为红火的年代，当数二十世纪六十年代前后。那是一个物资供应奇缺的时代，所有的食品都要凭证凭票，而且配额少得可怜，食油每人每月一百二十五克，豆类制品每人每月三分钱。一般家庭，隔上三五天能吃上一顿炒肉丝这样的小荤就算是不错的了。一旦看见鸡鸭蹄髈这样的大荤，没几个人眼睛会不冒光。平日里，不吃也就落个馋，可要是遇上了婆媳嫁女这样的大事，对于好面子的苏州人来说，就不只是尴尬了。"三件子"的盛行，可说也是那个时代的无奈举措。连汤带水

一砂锅，虽不敢说里面都是整件的料，但鸡、鸭、蹄髈总还是都有了，加上一条鱼，苏式婚宴上的"四大菜"，将就着算是都有了。而且若是遇上了胃大的，把见底的砂锅拿到灶头上加汤回一下锅，放入些慈姑、笋干、白菜、菠菜等不抢味的素菜，再上桌面，又是热腾腾的一砂锅，好歹也算在礼数、排场上没显出太寒酸。

随着物资供应的不断丰富，大油大腻的"三件子"，也就逐渐退出了历史的舞台。至于近十年来，"三件子"的卷土重来，征询过多位饕客，他们一致认为，这和如今的鸡鸭鱼肉等食材品质的下降有着极大的关系。单一的老鸭、母鸡、蹄髈汤已经满足不了饕客日益挑剔的味蕾需要了，尤其是虾仁、蟹粉等高档水产的常食化，使得饕客对老汤的鲜美有了新的定义，于是向来不被人所喜好的"三件子"终于迎来了又一春。

"三件子"砂锅价格不菲，若不是一定要盛宴邀请，其实真没必要去馆子里消费这道大菜，因为无论是食材的选用，还是烹饪，在家都能很容易做到。对于"三件子"这样的汤菜，笔者向来都有偏好，时不时会在家中焐一锅，只不过要比菜馆里的袖珍得多。一号的大砂锅里，放入

三分之一的鸡和鸭，外加一只不太大的剥皮蹄髈，虽说没有菜馆里的"三件子"气派，但选料却能更为精细些。鸡用本地的老母鸡即可，鸭则选用当年的麻鸭为上，蹄髈肉最好能讲究些，因为苏州人历来就有"肉为根本"这一说，如能选用如"苏太猪"这类本地的品牌肉，熬出的汤水汁浓味鲜，滋味更胜一筹。

有道是"好滋味一半靠火工"，对于"三件子"这一类汤菜尤其如此。熬汤时，最好先将鸡、鸭、蹄髈焯水后再洗净，这样汤汁会更清爽，熬制时可先投老母鸡，熬制半小时后再放蹄髈，最后放入麻鸭，这样处理，熬制出来各式肉质烂熟程度能比较一致。等到砂锅里开始透出香味时，转成小火再熬制两三小时，一锅地地道道的袖珍版"三件子"便大功告成了。邀上三五好友，配上三五个小凉菜，揭开砂锅盖，在氤氲热气缭绕下，喝喝香溢浓馥的美味鲜汤，吃吃骨酥肉烂的鸡、鸭、肉，最后回厨房里放些青菜、菠菜等清淡素菜回烫一下，酒酣汤足，还真是挺享受的。真没必要拘泥于"一菜一品"的程式，而且所费也不算大，其乐融融，经济实惠，不失为冬季中的一项超值享受。

味素食

"素"字，本意是指白色细密而有光泽的丝织品，用在食上，指"吃素"者只要不沾"荤腥"即可。当然，老太太们的素食和时下流行的"素食主义"所提倡的素食健康理念应该没什么关系，更和文人的所谓的风雅不沾边。如今的苏州，虽说出名的素菜馆并不很多，但这并不等于苏州人就不喜素食。

说素：各自的"素食主义"

　　通常所说的"吃素"和"吃斋"，两者之间其实存有概念的不同。"素"字，本意是指白色细密而有光泽的丝织品，用在饮食上，即"吃素"者只要不沾"荤腥"即可。所谓"荤"即是带有强烈异味，俗称为"五荤"的葱、姜、蒜、韭、芫荽（吴地称香菜）等物，而"腥"即指鸡鸭鱼肉、鱼腥虾蟹等动物类食物。但吃斋者必须严格遵守佛门戒律，斋期内不但要不沾荤腥，而且还不许喝酒，封斋、开斋时都有一定礼仪，平日进食时更要遵循"过午不食"等清规。所以把"素"和"斋"合称为"素斋"，似是多有可商榷之处。

　　"吃素碰到月大"，是苏州人耳熟能详的俗语。此话出处有诸多版本，我印象最深的是外婆留给我的版本。江南风俗中，素有"小月吃素"的习俗，因为有几个重大宗教节日都发生在小月，如农历二月十九日观音诞辰，四月初八"浴佛节"，即释迦牟尼诞辰，六月十九日观音得道日等，所以年中的二、四、六这三个小月都要吃一个月素，但遇上闰月，原本有二十九天的小月就变成了有三十天的大月，所以这个月就不能吃素了。外婆是位目不识丁的小脚老太，她老人家的说辞和文献中的记载似有出入。

王稼句先生的《姑苏食话》中有一段记载："六月廿四又是雷尊诞日，称为雷斋，苏州人信奉雷斋者十之八九，人们都去城中玄妙观雷祖殿或阊门外四图观，进香点烛，并且家家都吃素。如果并不在斋期，听到雷声，立即改吃素，称之为接雷斋或接雷素。"六月廿四又是灌口二郎神诞日，苏州人纷纷去葑门内的二郎神庙进香和吃素斋。六月廿五传为雷部辛天君诞日，又得吃素，俗称辛斋。苏州风俗，吃素之前，亲戚朋友都以荤菜馈贻，称为封斋；到开斋时又以荤菜馈贻，称为开荤。正因为如此，旧时苏州道观常雇用多名厨师掌勺，专办素斋。创建于民国十五年（1926）的功德林素菜馆，吸收了道观素菜精华，在雷斋期间推出各式素菜名馔，门庭若市，生意鼎盛。金孟远《吴门新竹枝》咏道："三月清斋苜蓿肴，鱼腥虾蟹远厨庖。今朝雷祖香初罢，松鹤楼头卤鸭浇。"词下注道："吴人于六七月间，好食雷素斋。开斋日，先至雷祖殿烧香，然后至松鹤楼食卤鸭面。"

前后两者的表述形式略有不同，但意思却是不差，都是喻指事不凑巧。只是前者似乎更小众些，对象为吃斋之士，而后者显然是大众，封斋期间就在盼着出月"开荤"，大吃一顿，遇上了大月，自然免不了要再多等一天。

　　外婆那一辈的苏州老太太们吃的素名为"花斋"，一年中具体要吃多少天，一时也说不上。记得除了二、四、六三个月是全素外，每月朔日、望日也是吃素日，不知这和"躲得过初一，躲不过十五"有没有关联，另外好像每年还有不定时的几次。这种吃素极简单，无非也就是那几天家中所吃的素菜都用一口没沾过荤腥的净锅做，盛出来时，分成大碗和小碗，大碗不吃素的人吃，小碗信佛念经的人吃，其他也和平时没什么两样。其实她们的吃素，更多的是持戒守斋，准确说是"吃斋"。

　　老太太们的素食和时下流行的"素食主义"所提倡的素食健康理念应该没什么关系，当然更和文人的所谓的风雅不沾边了。素以风雅著称的李渔曾在《闲情偶寄》中说道："声音之道，丝不如竹，竹不如肉，为其渐近自然。吾谓饮食之道，脍不如肉，肉不如蔬，亦以其渐近自然也。"其实对我们这些从二十世纪六十年代走过来的人来说，在饭都吃不饱的时候，吃素只为果腹，与闲情并无关系。现在条件好了，才有闲心吃素，赶趟风雅。

素鸭

那几乎就是一个纯粹的素食时代。别说鸡鸭鱼肉，青菜萝卜也不见得天天都有，偶尔吃上一顿"雪花菜"（即喂猪用的豆渣）就算是营养餐了。稍后又遇"文化大革命"，虽说粮食短缺情况已稍有好转，但寻常人家能隔上三五天吃上一顿炒肉丝，就算条件不错的了。试想想，想肉都能把人想疯了的"素食时代"里，还有多少人敢说自己健康还长寿？还能生出多少"草衣木食，上古之风"？况且所谓的上古之风也并不尽然如此。

《礼记·王制》有云："诸侯无故不杀牛，大夫无故不杀羊，士无故不杀犬豕，庶人无故不食珍。"按照周礼规定：有资格吃牛肉的是天子，诸侯平时只能吃羊肉，每月初一才能吃牛肉。大夫平日只能吃猪肉、狗肉，每月初一才能吃羊肉。而百姓庶民呢？孟子说，五十者才可以享用衣帛，七十者才可以食肉，可见古代的"素食"，其实只是奴隶们的专属。至于"素食，谓但食菜果糗饵之属，无酒肉也"（唐·颜师古《匡谬正俗》），应该是后来的事了。

探素：寺院里的斋菜

　　说到素菜，最容易使人将其和寺庙产生联系。许多寺院建于名山大川之中，远离人烟，乞食之制难行，只能自办伙食，自耕自食。寺院自办伙食，取"香积佛及香饭之义"，称"香积厨"。因为各种机缘，我曾品尝过多家寺院的素食，每一家的素食都给我留下了深刻的印象。

　　文山寺位于阊门内下塘文丞相弄30号。南宋德祐元年（1275）十月，文天祥驻守苏州时，曾将家属安置在潮音庵内。明正德十年（1515）苏州人为纪念文天祥建忠烈祠于此，又称文山祠或文丞相祠。1958年确立为比丘尼道场，成为苏州古城区唯一的尼众道场。也许正是尼众道场的缘故，文山寺的素菜菜式虽很平常，多数为油面筋烧白菜、油豆腐烧萝卜、香菇菜心、香干水芹以及素鸡、水面筋、百叶豆制品之类的家常菜，却让人一看就会不由自主地想起外婆、大姨烧出的菜，但感觉和家常菜又有所不同，似乎更洁更净，也更具禅味，一道"香炸菊花叶"尤其令人难忘。庭院里现摘的鲜叶，裹上薄薄的面糊，香油中炸一下，鹅黄色泽，叶面舒展，外黄内绿，入口香脆，先酥后嫩，鲜咸香甜，回味甘津，不由让人食指大动，欲罢不能。可惜，这道菜在旧谱中鲜有记载，唯在钱泳的《履园丛话》中见到："又花叶亦可以为菜者，如胭脂叶、金雀花、韭菜花、菊花叶、玉兰瓣、荷花瓣、玫瑰花之类，愈出愈奇。"

灵岩山素面

灵岩山寺，位于太湖之滨的木渎古镇西北灵岩山上，始建于西晋，是一座具有一千六百余年历史的庄严古刹。二十世纪三十年代，净土宗十三祖印光法师于此创建道场，从而使灵岩山寺蜚声海内外，成为我国著名的佛教净土宗道场之一。

对于许多苏州人来说，灵岩山寺的素浇面一直让人印象深刻，甚至有些人登上灵岩山，为的就是去寺院素面部吃上一碗面。更有人将它和天平山的白云泉联系在一起，称为"灵岩一碗面，天平一口汤"。寺院素面的品种虽不多，也就双菇、什锦、香菇这几样，但味道却称得上苏州"独一家"，而且店堂的环境超凡脱俗，光滑洁净的方砖地，柱架结

很多人登上灵岩山，为的就是吴老寺院美面都吃上一碗面

构的大屋顶，透过南面一整排半高的木窗棂，便见参天大松树，人临其境，顿觉古意仙风拂面而来。

　　二十世纪八十年代初，曾陪同从美国回来省亲的亲戚前往灵岩山寺捐赠香火，晚间即在寺院内用膳。那时的灵岩山寺还没有完全从"文革"中复苏过来，印象中所用斋饭很一般，似乎没什么特色菜，无非就是菌菇、豆腐之类的家常菜。不过比起中午时在灵岩山寺斋堂中所见寺院师父们的斋饭，那可是称得上天壤之别了。几十位僧人每人都一样，一碗米饭一碗菜，米饭是普通的大米，菜就一道，青菜炖豆腐，也不知味道怎么样，总之菜汤面上见不到一丝油星。虽然已经过去了三十多年，但这一幕至今仍是历历在目。时至今日，随着时代的发展进步，想来灵岩山寺

蕈油面

的师父们也不会再那么清苦了吧。

比之灵岩山寺，姑苏城外寒山寺的素食故事显然更多。在徐珂的《清稗类钞》中有一则"高宗在寒山寺素餐"的故事，说是康熙皇帝某次南巡，带着张廷玉和两个太监微服私访至枫桥，被正在附近的江苏巡抚陈大受识破。惊惶之下，陈大受赶紧把康熙迎进了寒山寺。康熙见寒山寺地处幽僻，寺院各室也都典雅有致，当即决定以陈大受亲戚的名义在寒山寺小住十日。这可有点难为陈巡抚了，这十天圣上都吃点啥啊？谁知康熙皇帝还真好伺候，"帝谓吾等夙喜素餐，第供素馔足矣"。僧人遵命，顿顿素食相奉。吃饱了，"僧导游各处，帝赠一笺，书张继《枫桥夜泊》诗，款署漫游子，留宿七日而去"。临走时，皇帝还给陈大受留了一封函，想来康熙对寒山寺的素食是十分满意的。《清稗类钞》中的另一则故事就有些让人扼腕叹息了。清道光年间，寒山寺突发奇案，一夜间，"苏州寒山寺僧之老者、弱者、住持者、挂单者，凡一百四十余人。一日，忽尽死于寺"。县令查问吃了什么，回答说就吃了寺院里的香蕈，县令实地勘察，"复见有蕈二枚，大如扇，鲜艳无匹。命役摘蕈，蕈下有两大穴。令复集夫役持锹镢，循其穴而发掘之，丈余以下，见有赤练蛇大小数百尾，有长至数丈者，有头大如巨碗者。盖两穴口为众蛇出入之所，蕈乃蛇之毒气所嘘以成者。诸僧既皆食之，遂无一生"。

也许是因为有这些素食文化的铺垫，个人觉得寒山寺的素斋真的很不错。2012年，我陪同深圳的几位老师前往寒山寺拜谒，午间蒙寺院长老邀请，在寒山寺的斋堂里用餐。由于时近正午十二点，恪守"过时不食"佛训的几位长老匆匆用过便离席而去，整座斋堂中只留下了我们几位在尽兴。由于是便餐，除了两三道菌菇菜外，另外的都是从僧人所用的大锅中盛出。从形式上看，朴实无华，平淡见真，然而吃起来感觉却是大不同，油香扑鼻，鲜美异常，令人记忆犹新。

疑素: 素宴之问

　　"寒山寺素斋馆"开设在寒山寺院墙外,是目前苏州为数不多的面向社会服务的素菜馆之一。素菜馆最初就是以在家修行的居士们为服务对象的。全国各地都有居士林的素菜馆,也有为社会大众服务的素菜馆,前者所供素食更注重按照佛门教义,选料、制作也多一些规范,虽然和僧众的斋食有所区别,但总体上还属于斋饭。而后者则更注重菜品的花式花样以及口味的变化,许多地方名菜也被移植入了素菜菜系,如苏帮菜里的松鼠鳜鱼、响油鳝糊、糖醋黄鱼、三丝鱼卷、炒蟹粉以及冠以鱼翅、海参之名的海鲜菜,简而言之,"素菜荤做"是这一类餐馆的最大特色。

　　如今的苏州,虽然说得出名的素菜馆并不很多,但这并不等于苏州人就不喜素食。曾听闻,苏州的居士林也设有"香厨",还对外开放,而且口碑相当不错。相对熟悉一点的素菜馆还是名盛江南的"功德林"。上海的功德林是江南地区较早面向社会服务的素菜馆,成立于1922年,原先是叫"功德林蔬食处",服务的对象主要是吃素的居士,后来声誉出来了,就改名为"功德林餐厅",吃客的成分也就多了许多。苏州的功德林成立稍晚些,据《苏州市志》介绍:"1926年,苏州第一家素菜馆'功德林蔬食处'在横马路同安坊口开张了,店主何桂芳,宁波人,信佛,结识不

素鸡

少绅商居士。该店早市售素面，中、晚有素菜，因质量讲究，生意很好。随后又在城内太监弄里开出分店，以一碗素浇面打开局面。"二十世纪八十年代初期，苏州开始重新规划建设"太监弄美食一条街"，功德林素菜馆也被纳入了"吃煞"太监弄。大约是1982年，程伟绩先生携太太由美国返苏省亲，行前即函告，一定要去苏州功德林吃一次，以解他三十多年的乡愁。所以早十天就给他老人家在功德林预定了一桌素菜。预定的菜单基本仿照苏州几大餐馆中的苏式名馔，记得冷盘有酱鸭、熏鱼、白鸡、盐水鹅、爆鳝、蜜汁火腿等几样"荤腥"，另外还有几道为雪菜豆瓣、糯米塞藕、香干马兰头等，热菜中有松鼠鳜鱼、蒸熊掌、炒蟹粉、大鲍鱼等几道大菜以及一道包括发菜、冬菇、冬笋、素鸡、鲜蘑、金针菇、木耳、熟栗、白果、菜花、胡萝卜等在内的"十八罗汉"大砂锅。之所以

素五花肉

只记得这几样，实在是大厨出神入化的手艺给人留下的印象太深刻了。

众所周知，素菜的千变万化总离不开香菇、面筋、笋干、豆腐、豆干、腐衣、腐竹、土豆、山药、南瓜、冬笋、白果以及各种蔬菜等平常之物，之所以能变幻出种种传世的名肴，全仰仗大厨高超的厨艺。在林洪的《山家清供》中，就记有大量的素菜名馔。"假煎肉，瓠与麸薄切，各和以料煎。麸以油浸煎，瓠以肉脂煎，加葱、椒、油、酒共炒。""素蒸鸭"，鸭其实是葫芦所代。"玉灌肺，真粉、油饼、芝麻、松子、核桃去皮，加莳萝少许，白糖、红曲少许，为末，拌和，入甑蒸熟。切作肺样块子，用辣汁供。""胜肉，焯笋蕈同截，入松子、胡桃，和以油、酱、香料，溲面作饼子。试蕈之法，姜数片同煮，色不变，可食矣。""罂乳鱼，罂中粟净洗磨乳，先以小粉置缸底，用绢囊滤乳下之，去清入釜。稍沸，亟洒淡醋收聚，仍入囊压成块，乃以小粉皮铺甑内，下乳蒸熟，略以红曲水酒，又少蒸取出，切作鱼片。"烹制素菜的大厨手艺之精妙可见一斑。

那天太监弄功德林的菜也可作一例。几道冷盆中，除了"爆鳝"的原材料是香菇，其他的几味无论是鸡鸭还是鱼肉，其主料都是豆腐衣。于此借用《苏州小食志》中"素鹅"的制法，略作简述："以腐衣数十百张，撕去其边，另用黄糖，调入上好酱油中，即以撕下之边，蘸以酱油，于每张腐衣上抹遍之，抹好一张，加上一张，约叠二十张，将腐边放入腐衣中，卷成长条，余则仍照前法，再抹再卷，卷毕，入锅蒸熟之，即成。虽为素品，其味鲜美绝伦。腐衣须用糯性者，浙杭之货最佳，常州次之，至于

苏州之腐衣,其性坚而不柔,不可制也。观前协和野味店与常州小贩有往还,故常有之。至于他店,只有百叶所制之'素鸡',其味太咸,而毫不鲜美也。"至于如何将豆腐衣臻化出熏鱼、酱鸭等的滋味,那就全靠大厨精心调配出的各种酱料了,而这些酱料往往都是素菜大厨的秘制手法,传子不传女的事例也常常有所耳闻。

冷盆不俗,热菜更精彩。一道"松鼠鳜鱼"真是出人意料。鱼片的制作,类似上述《山家清供》中嚣乳鱼的做法,而高耸的鱼头和鱼尾则是用南瓜雕出,浇上酱红色卤汁后,几可乱真,口感酸甜,似鱼非鱼,味道较松鼠鳜鱼似乎更胜一筹。苏式菜中,蟹粉那是必须要吃的一道菜,紫砂盘中,"蟹粉蟹黄",油润发亮,入口便觉鲜香中略带酸醋味,犹如蘸过姜汁糖醋的大闸蟹肉。"蟹黄"据说是用栗子粉和咸蛋黄混合后炒至成型,味道也有几分相似。据了解,这道"炒蟹粉"是土豆泥、胡萝卜、熟笋、水发冬菇等加入多种调料后经若干道工艺炒成的。

令人遗憾的是,很多素菜馆的经营情况都不太理想。民国年间,苏州自功德林之后,也有几家素菜馆陆续开业。如1931年开设的"三六斋素菜馆",以及稍后在太监弄与宫巷交叉口,扬州籍僧厨陈某开办的"觉园素馆",都是在只经营了一年半载后,便相继宣告关张歇业。苏州功德林餐馆也在生存了几年后,因为种种原因迁出了太监弄,移至西园寺边上另起炉灶。无论是规模、气度,还是菜式,都不能和在太监弄时相提并论,自然也逐渐淡出了苏州吃客的视野。

素菜馆运营举步维艰的情况,在大多数地区都存在,究其原因,一是素菜制作的难度比较高,要求操作者具有很高的厨艺;二是素菜制作成本很高,这和一些吃客的观念存在着偏差,致使素菜馆的经营者始终面临着尴尬的局面。

在素菜馆吃素菜的花费其实一直都比通常的餐馆要高一些,有的

"假荤菜"甚至比名菜馆的"真荤菜"还要贵。清末民初的《清稗类钞》有记:"寺庙庵观素馔之著称于时者,京师为法源寺,镇江为定慧寺,上海为白云观,杭州为烟霞洞。"其中,烟霞洞之席价最昂贵,"最上者需银币五十圆"。据老人回忆,抗战前一桌"四六四"荤席一般七元左右,而素菜的"四六四"就要十元一桌,高档者竟达四五十元,实在不是平常人等可以问津的。前几年,友人曾在石湖选址开设了一家"成大舍素食馆",平心而论,他家素食不但水准不凡,而且还颇具时代特色。不但有着传统的苏式菜品,也有如松茸、羊肝菌、牛菌菇等高档食材,还有仿制而成的"燕鲍翅"这类时尚菜品,尤其值得一提的是成大舍的各式素点心,堪称精美细巧,味道上乘。价格上也算公道,一般聚会,花费也和普通菜馆差不多,如要高档,人均也不过百十来元,算起来还是便宜了不少。可支撑两年后,成大舍素食馆还是重蹈了前辈们的覆辙——黯然歇业。

归结起来,还是消费理念上的偏差。首先是"素比荤贵"的理念不为有些人认同,他们觉得南瓜、芋头、香菇总不应该太贵。其实不然。且不说素菜治席所需的高超厨艺,就拿调味的"高汤"来说,素食的高汤就要麻烦得多。对于普通的餐馆来说,一口"百年老汤"常常会用来作为宣传的利器,业界也有"留卤不留渣"的说法,但对于素菜馆来说就不行了。下过厨房的人都知道,素汤搁置的时间稍长一些,就会产生"作沫"的现象,若是隔夜,还会返酸发腻,这种高汤还怎么能当调料?所以素菜馆的师傅往往都要一大早就下厨熬"高汤",到晚上若是用不了,就只能直接倒入汭脚桶。而且素汤的配比也比高汤要麻烦,少则八九种,多则要十几二十样,先放后放,火大火小,怎么也得折腾好几个小时。如此算下来,这素汤的成本怎么也便宜不了。其次是,一般人还是偏好肉食,间隔着吃吃素菜,也算是改改口味,尝个新鲜,若是经常吃素菜,一时间

素火腿

还是有些不适应，因此，素食馆的消费面相对就要小许多。在实际生活中，真正的"素食主义"者恐怕未必很多，其中有不少人说白了无非就是赶个时髦罢了。

赵珩先生在《说素斋》结尾时有一段很实在的话："我很钦佩那些能坚持素食主义的，无论是不是信仰的缘故，能长期吃素确是需要毅力的。不过转念想想，所有植物也都是有生命的，以彼之生，养我之生，又如之奈何？况物竞天择，许多事情不能想得太透彻了，只要不是为了口腹之欲去杀生，大抵是可以心安理得的。佛说'不见、不闻、不疑'，应该是有道理的。"

苏州人的二十四节气与美食

家常菜版

　　苏州是块人间福地,得天独厚的地理环境和自然气候,造就了"鱼米之乡"的富饶——"佳品尽为吴地有,一年四季卖时新"。鱼鲜水产、四季鲜蔬、瓜果小吃应时而出,苏州人享用这些美食,也跟随着季节的脚步——苏州人的饮食经,就是"不时不食""食不厌精,烩不厌细"的精致和个性。

立春

一年之计在于春

【青菜】

苏州人常说："三日不吃青，两眼冒火星。"这里的"青"泛指蔬菜和瓜果，但就狭义而言，仅指绿色蔬菜，以青菜为主。苏州青菜以"矮脚青"为主，香菇菜心、鸡油菜心都是苏帮菜中的经典，此外，"矮脚青"的菜薹（苏州人叫"菜尖"）、香青菜、鸡毛菜等各种青菜，都是立春时节的时令美味。

【水芹】

也叫水英、楚葵等，是"水八仙"之一，绿白相间、鲜嫩爽口，与生俱来的特殊清香令很多食客欲罢不能。水芹干丝是苏州人年夜饭的必上菜之一。老人说，吃了这道菜，一年做事都勤谨。水芹还有降血压的药用功效。

雨水

春雨足，染就一溪新绿

【太湖蚌肉】

苏州很多湖泊河浜都有蚌类，但无污染、水质好的太湖蚌是最好的，且每年清明前，蚌肉最为肥美，咸肉烧河蚌、蚌肉金花菜都是苏州人最常做的蚌肉菜。

【荠菜】

荠菜应该算野菜里最著名的一种了，老苏州对荠菜也有着深厚的感情。野生的荠菜清香十足，可以清炒，但更多的苏州人喜欢把荠菜放水里焯一下，拌上麻油和盐后食用。江南一带还习惯用荠菜做馄饨馅，或者切碎了和豆腐一起煮荠菜羹。

惊蛰

微雨众卉新，一雷惊蛰始

【酱汁肉】

苏州最有名的熟肉之一，肉香四溢、皮烂肉酥、酱汁浓郁。苏州人特别喜欢此肉，一般家庭也都会烧制。在烧制过程中，红曲粉、茴香和冰糖是烧出美味酱汁肉的关键。

【麦芽塌饼】

吴江乡村独有的时令美食，且每年只有三四月份才有。"塌"是制饼的一个动作，即用锅铲将饼压扁。制作麦芽塌饼需要用到米粉、大麦、赤豆等食材，其中最为神奇的是石灰草——只能制作麦芽塌饼，而不能直接食用的野菜，它能将生米粉染成绿色，并且具有独特的清香。制作好的麦芽塌饼色泽鲜亮，软糯清香。

春分

春分麦起身，一刻值千金

【鳜鱼】

"西塞山前白鹭飞，桃花流水鳜鱼肥"，张志和的这两句诗提醒我们，桃花盛开之时，就是品尝鳜鱼的最佳时节。鲜红光亮、酸甜可口的松鼠鳜鱼享誉海内外，甚至被推崇为苏帮菜代表作。"腐鲜之味"的臭鳜鱼、新鲜味美的蒸鳜鱼也都是苏州人餐桌上的宠儿。

【马兰头】

马兰是一种野菜，头者，首也，马兰头就是马兰顶端的嫩芽，苏州人则习惯把整棵野菜叫作"马兰头"，因为他们只在阳春三月，马兰最嫩的时候，才会去田埂上"挑"一些野生马兰头来拌香干吃。野生马兰头颜色深、根发红、个头小，入口更"清凉"。

清明

满眼游丝兼落絮,红杏开时,一霎清明雨

【碧螺春】

唐代"茶圣"陆羽的《茶经》里就有关于碧螺春的记载。清明前采制的为上品,称"明前";谷雨前采制的也属佳品,称"雨前";谷雨之后的,质量相对较差,称之为"炒青"。碧螺春除了做茶,还可以入菜,做成碧螺虾仁、茶香鸡等。

【枸杞】

春天,很多野菜都被端上了苏州人的餐桌,其中就有枸杞头。清明时节,正是枸杞头最嫩、口感最佳的时候。枸杞头性寒、味苦,有清热明目的功效。凉拌、煲汤、做馅或者炒肉,成菜都是美味无比。

谷雨

白云峰下两枪新，腻绿长鲜谷雨春

【黄花鱼】

黄花鱼即黄鱼，又叫石首鱼，有大黄鱼和小黄鱼之分。黄鱼属于海鲜，肉质细嫩、营养丰富，最常见的做法是清蒸和红烧，面拖黄鱼也是近年来十分流行的吃法。

【春韭】

苏州人吃韭菜，也有季节性，一般是吃春天刚出的新苗和秋后出的晚苗，相较之下，春韭更受青睐。韭菜割一茬长一茬，因此更有讲究者，专挑第二次收割的韭菜食用，认为此时的韭菜最为"肥、嫩、鲜"，用来炒螺蛳肉、炒蛋，或者做墨鱼炒韭菜，都能让人食指大动。

立夏

槐柳阴初密，帘栊暑尚微

【蚕豆】

立夏前后最受苏州食客青睐的时令蔬菜非蚕豆莫属。新上市的蚕豆味道鲜美，家常做法也有很多种，其中葱油蚕豆制作最为简单，烹饪要点是要用菜油，并且出锅前一定要撒葱花，然后马上关火。苏州人眼中，老蚕豆也是一道美味：老蚕豆剥壳，取豆瓣，下油锅炒松，就成了极好的下酒菜——兰花豆。

【蒜苗】

与苋菜、蚕豆同在苏州人初夏吃的"三鲜"之列。常规吃法有清炒、蒜苗炒肉丝。

小满

玉历检来知小满，又愁阴久碍蚕眠

【黄瓜】

黄瓜营养丰富、水分充足，十分受吃货的喜爱。常见的吃法有酱黄瓜、凉拌黄瓜、炒黄瓜等，黄瓜塞肉也时常见于苏州人的餐桌。

【三虾面】

苏州人说的"三虾"是指虾子、虾脑、虾仁。每年端午节前后，河湖中的虾进入产卵期，苏州人也到了吃三虾面的时候。无论汤面还是拌面，将"三虾"作为浇头，这面就鲜美无比了，令人食欲大增。由于具有明显的时令性，且虾子、虾脑的拆取十分麻烦，所以三虾面价格也比其他面稍高。

芒种

芒种积阴凝雨润，菖蒲修剪莫蹉跎

【五黄】

在苏州，端午节除了要吃粽子，还要吃"五黄"，即黄鳝、黄鱼、黄瓜、咸鸭蛋黄、仔鹅，也有说仔鹅不属于"五黄"，除了前面四样，还有一种是雄黄酒，不论何种说法，都寄托了人们健康平安的愿望。

【六月黄】

六七月上市的大闸蟹叫"六月黄"，这时的大闸蟹经过了两到三次的脱壳，基本接近成年，而膏油、蟹肉比成年大闸蟹更为鲜嫩。"六月黄"有雄蟹，也有雌蟹，但公蟹肉嫩黄多，尤其鲜美。把"六月黄"、野生小鲫鱼、黄鳝等一起做成汤，味道十分鲜美。

夏至

昼晷已云极,宵漏自此长

【夏至粥】

过了夏至,炎热的夏天就开始了,此时苏州人的餐桌上时常可以看到粥的身影。苏州的常熟、太仓一带,还有夏至日吃粥的风俗,粥主要是用小麦、芡实、莲心等熬成。他们认为夏天吃了粥,就不容易生病。

【冷面】

即凉面,苏州人夏季饮食讲究清淡,除了粥,冷面也是苏州人喜爱的夏季主食之一,"风扇冷面"尤其受到青睐。

小暑

倏忽温风至，因循小暑来

【童子鸡】

老苏州认为，夏天人体消耗较大，需要吃一些温补的食物来促进食欲，清淡少油腻的童子鸡就是这样一道夏令滋补佳品。童子鸡一般都是指小公鸡，做成双椒童子鸡、清蒸童子鸡或者煲汤，都是鲜美佳肴。苏帮名菜西瓜鸡，民间有叫"翠衣匿凤"的，外观精美雅致，口感清爽鲜美，广受食客追捧。

【绿豆汤】

苏州绿豆汤是夏日的消暑佳品，若把其他地方的绿豆汤拿来比较，就可以看出苏州绿豆汤做法的复杂：除了薄荷水、绿豆，还要加糯米、蜜枣、冬瓜糖、红绿丝……苏式绿豆汤汤汁清澈，入口清凉。

大暑

大暑不可避，微凉安所寻

【五香小肉】

五香小肉最初是五香排骨的副产品，与其说是菜，不如说是种常见
的美味小吃。苏州人喜欢在夏季享用这道美食。大暑前后，是五香
小肉的热销期。相比过去的做法，现代版的略微复杂，需要经过腌
制、水油氽、清油炸等步骤。

【莲子】

夏日苏州街头，总看得到挑着担走街串巷卖莲蓬的人。鲜嫩的莲子
一颗一颗剥出来，可以当水果直接吃，也可以炒肉片、炖排骨汤，或
者与百合等同煮成清凉消暑的莲子百合汤。

立秋

虽非盛夏还伏虎，更有寒蝉唱不休

【七夕巧果】

巧果是一种用面粉或者米粉做成的油炸点心，也是很多老苏州记忆中七夕必吃的美味小吃。大约三十年前还十分受欢迎，如今市场上却很难见到，会做巧果的人也很少了。巧果外观奇特，做法也复杂，需要的食材为白糖、鸡蛋、面粉、老豆腐、芝麻、盐六种，成品口感香甜酥脆。

【鸡头米】

炎热的夏天一步步走远，苏州鸡头米就在立秋前后上市了。炎炎夏日让人们的肠胃功能衰退，所以立秋时节多吃富含营养又健脾益胃的鸡头米最合适了。

处暑

冷热交换试拳脚, 一场秋雨一场寒

【粉蒸肉】

苏州人说的粉蒸肉一般都是荷叶粉蒸肉。处暑时节, 荷叶长得正旺盛, 用荷叶做菜最合适不过。荷叶粉蒸肉香气四溢、咸中带甜、松糯而不油腻, 令人胃口大开, 是苏州老百姓这个时节里必吃的一道美食。其实在苏州, 用荷叶烹饪的美食还有叫花鸡、粉蒸鱼等, 而荷叶粉蒸肉最受欢迎。

【枣子】

俗话说:"处暑见红枣, 秋分打净了。"处暑这个节气才表示夏天真的告一段落了。这是一个热转冷的阶段, 多吃点富含维生素和多种微量元素的枣子, 对身体有好处。

白露

秋风何冽冽，白露为朝霜

【板栗】

金秋时节走在路上，总能闻到一阵阵糖炒栗子的香味，更有人说，栗子代表了秋天的味道。栗子不仅可以做糖炒栗子，还可以入菜，苏州人就习惯用东山出产的大板栗做菜。东山板栗个大、软糯，做成板栗鸡、板栗汤都是不错的选择，或者可当作五谷杂粮蒸来吃。板栗营养丰富，有健胃、补气等功效，但不宜多食。

【银鱼】

白露为霜秋意浓，渐冷的日子，银鱼就是浩渺太湖给苏州人的又一恩赐。

秋分

金气秋分, 风清露冷秋期半

【白果】

苏州是全国白果产量较多地方之一, 主要集中在东、西山, 果肉呈碧绿色, 颜色亮丽, 糯软十足, 与其他地区出产的白果不同。白果营养丰富, 有滋阴养颜抗衰老等作用, 但食用过量会引起中毒, 一般建议大人一次食用不超过十颗, 儿童最好不吃。白果在菜系中一般作为辅料, 用来炒虾仁, 或做成荷塘小炒, 盐焗白果也十分美味。

【枸杞】

枸杞主要生长于华北、西北等地, 虽不属于苏州代表性产物, 但注重保养的苏州人也会在秋天饮茶时加几粒枸杞, 温热身体, 温热生活。

寒露

岁晚虫鸣寒露草，日西蝉噪古槐风

【大闸蟹】

大闸蟹旺市大概就是从寒露开始的。对于吃大闸蟹，苏州有"九月团脐十月尖""九雌十雄"的讲究，即农历九月吃雌蟹，十月吃雄蟹，这时的蟹卵满膏腻，个大肉多。烹煮大闸蟹主要有两种方式：一是清蒸，完全保留大闸蟹的鲜美滋味；一是烫煮，要把蟹脚绑住，且须用冷水下锅，以去除腥味。

【桂花】

甜甜的桂花糕，香香的桂花鸡头米，苏城的桂花是景色，也是美食。这花中秀色，可观可餐，难怪那么受苏州人的喜爱。

霜降

深秋柳陌露凝霜，衰草疏疏碧水凉

【芋艿】

芋艿又糯又香，既可当菜，又可作粮。有趣的是，芋艿入菜时，是先去皮后煮，而当粮吃，则是先煮后去皮。至于烹制方法，也有多种，喜吃甜的，可以做成桂花糖芋艿，喜吃咸的，可红烧、烧排骨，或者做剁椒蒸芋艿，皆是美味佳肴。

【柿子】

俗话说："霜降吃柿子，不会流鼻涕。"柿子一般在霜降前后成熟，味道甜美，营养丰富，但要注意不宜多吃。

立冬

细雨生寒未有霜，庭前木叶半青黄

【羊肉】

霜降后，立冬渐至，天气转冷，羊肉成了最受欢迎的美食，一碗羊汤下肚，通体舒畅。一碗羊肉面，也是很多食客的早餐首选。苏州以藏书羊肉最为有名，另外东山、常熟有用胡羊（即绵羊）做白切羊肉的，也别有一番风味，太仓双凤的红烧羊肉亦为食客喜爱。

【橘子】

东山橘子红了，到太湖边采橘子，再一筐一筐带回家是苏城一大盛事。虽说"庭前木叶半青黄"，但有橘红来配着青黄，立冬也变得温暖了。

小雪

久雨重阳后，清寒小雪前

【萝卜】

萝卜有"土人参"之称，有健脾养胃、益气补精、助于消化、去咳止痰等作用。在苏州，地产萝卜有白萝卜、红萝卜，到了冬季，苏州人更偏爱吃白萝卜，煮汤入菜皆可，香味浓郁、甘甜鲜美。咸肉萝卜汤制法简单，尤为受欢迎。

【木耳】

很多家常菜在炒菜时会放些黑木耳。到了小雪时节，这样做就更有道理了。人们说，冬天要近"三黑"，这"三黑"就是指木耳、紫菜和紫米。

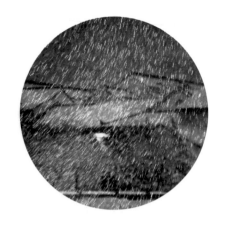

大雪

雪纷纷，掩重门，不由人不断魂

【荸荠】

荸荠与慈姑、莲藕被苏州人合称为"烂田三宝"。大雪前后，是荸荠收获的季节，在苏州，经常能看到卖荸荠的。老苏州常常会在这时买上很多，除了生吃、煮糖水和入菜，还会将吃不完的洗净后放在家里通风处风干，"风干荸荠"皱皱巴巴的，但是特别甜。

【慈姑】

这个时候，慈姑也成熟了，吃法多样，煎、炸、炒、烩均可，慈姑常与荤菜搭配。

冬至

天时人事日相催，冬至阳生春又来

【酱肉】

苏州地区有冬至过后腌制酱肉和吃酱肉的习俗，尤其是吴江，几乎家家户户如此。酱肉的制作十分讲究，从制作时间到选材都有严格要求，制作时也要坚持使用"土办法"，但是制作工艺并不复杂，普通人家都能自己做。做成的酱肉可以和任何荤菜、蔬菜、豆制品搭配烹制，炖酱肉也是老苏州十分喜爱的一道菜。

【冬酿酒】

冬至对于苏州人来说是很重要的一天，冬酿酒又是这一天很重要的饮品。喝一杯冬酿酒，寒冷的日子也像身体一样开始慢慢地暖和起来了。

小寒

横林摇落微弄丹，深院萧条作小寒

【吉祥三宝】

糖年糕、猪油糕和八宝饭是苏州人过年期间餐桌上的"吉祥三宝"。旧时苏州人只在过年时才吃糖年糕，寓意"新年步步高"。糖年糕通常是切成薄片直接吃或油炸。猪油糕需加热使里面的猪油熟透后才吃，也有切成片油炸或者切成条包入春卷中的。八宝饭的吃法则较为简单，一般将买来的现成的，打开包装放入盘中，用微波炉加热或者入锅蒸一下。

【腊八粥】

腊八粥由多种食材熬制而成。在苏州，腊八节当天各大寺庙都会在斋堂施粥，广结善缘。

大寒

大寒已过腊来时，万物那逃出入机

【冬笋】

每年春节，冬笋的价格远超肉价，百姓对于冬笋的喜爱可见一斑。冬笋极易吸收各种食材的味道，因此也是大厨们的最爱，油焖笋、炒二冬、炒肉丝等都是极受喜爱的美食。对于苏州人而言，每个冬季，冬笋、咸肉一起"笃"出的腌笃鲜更是鲜美浓郁的苏州老味道。

【八宝饭】

临近年关了，四处都洋溢着洋洋喜气，腊味腌肉都挂起来了，而寓意了团圆甜蜜的香香的八宝饭，当然能常常在苏州人的餐桌上看到它的身影了。

后记

落笔甫始，便有举笔艰难之感。作为大型丛书《典范苏州》中的一个单元，《饮食经》这个命题很容易让人和"谈经论道"产生联想，这岂是如我这等充其量也就是一个美食爱好者之辈的所为？况且，在先期出版的丛书中已经有了华永根先生所著的《苏帮菜》，王稼句先生所著的《物产录》以及笔者所撰的《小吃记》，几乎涵盖了苏州美食的各个领域。尤其是华、王二位先生的著作，或引经据典，或旁征博引，甚至在实操方面也都有着极为精彩的描述，以此再写，至多也就是落一个狗尾续貂的结局。

在苏州，写美食其实真不是件容易事，二千五百多年的文化积淀，同时也包含了无数篇事关美食的记述。暂且不说如乾隆和"松鼠鳜鱼"，伍子胥和"专诸炙鱼"等口口相传了几百年的民间传说，就以专著形式出现的也不在少数，如元末明初就有苏州文人韩奕所著的《易牙遗意》，流传至今，堪称经典。之后有袁枚所著的《随园食单》、李渔所著的《闲情偶寄》、包天笑所著的《钏影楼回忆录》等，当然还有陆文夫的《美食家》。在这些著作中，不但早就有对苏州美食绘声绘色的叙述，而且还包含了大量的美食体验和制作奥妙。说真的，也许就是因为有了这些众多的前人专著，于今留存的叙述空间似乎也就并不那么充分了。另外，在苏州有一个现象令人值得关注，那就是许多颇具见地，文笔也很优美的美食专著往往都出自厨艺精湛的厨界精英之笔。以我近年所读过的几本书，如华永根先生的《华食经》《食鲜录》，唐劲松先生的《絮说吴地"时新"》等，无一不是文笔流畅，内容翔实，不但有着丰富的实操心得体验，而且比文人所写的美食文论更具乡土气息，生活情操，读来耳目一新。

既如此，要想撰写好一本谈经论道的《饮食经》，对笔者的难度更是不言而喻。幸好，苏州是个极具包容性的城市。在拙作的撰写过程中得到了许多好友的帮助。如王稼句先生曾多次在全书的结构布局、内容侧重以及文献支撑等方面给予了许多有益的建议。身兼苏州烹饪协会会长的华永根先生也多次利用"职务之便"，引领并引荐厨界精英一同交流心得体会，使笔者获益匪浅。

断断续续，为时两年，这本小书勉强成稿。"既然说是写不出苏州人吃食的经道，咯么倷啊会写写倷自己吃的心得、吃的记忆？"多谢太太这番振聋发聩的点拨，使我有勇气把这篇稿子交了出来。只是心中仍是有些惶惶不安，还是怕对不起诸位读者。

老凡

2017年11月28日

图书在版编目（CIP）数据

饮食经 / 老凡著 . — 苏州：古吴轩出版社，
2017. 12
（典范苏州社科普及精品读本 / 盛蕾主编 . 品味
口感苏州）
ISBN 978-7-5546-1091-6

Ⅰ . ①饮… Ⅱ . ①老… Ⅲ . ①饮食 — 文化 — 介绍 — 苏
州 Ⅳ . ①TS971.22

中国版本图书馆CIP数据核字（2018）第001093号

责 任 编 辑：张　颖
见 习 编 辑：周　娇
封 面 设 计：陆月星
装 帧 设 计：唐　朝　韩桂丽
责 任 照 排：韩桂丽
责 任 校 对：孙佳颖
图 片 提 供：江国能　汪　浩　毛世奇　王亭川　华永根　周仁德　许　虹　老　凡
　　　　　　李鹏举　邵　彬　于　祥　吴万一　苏　砚　俞学友　刘　俊　钱　祺
　　　　　　苏州吴王广告公司　唐伟明　韩桂丽　张　颖
篆　　 刻：卫知立

书 　　 名：**品味 口感苏州 饮食经**
著 　　 者：老　凡
出 版 发 行：古吴轩出版社
　　　　　　地址：苏州市十梓街458号　　　邮编：215006
　　　　　　Http://www.guwuxuancbs.com　E-mail：gwxcbs@126.com
　　　　　　电话：0512-65233679　　　　传真：0512-65220750
出 版 人：钱经纬
印 　　 刷：苏州市越洋印刷有限公司
开 　　 本：905×1270　1/32
印 　　 张：8
版 　　 次：2017年12月第1版　第1次印刷
书 　　 号：ISBN 978-7-5546-1091-6
定 　　 价：48.00元

如有印装质量问题，请与印刷厂联系。0512-68180628

封面用纸：190g东方雅韵　内页用纸：80g雅质　金华盛纸业提供